de Gruyter Lehrbuch

Michel, Elektrotechnik II

Einführung in die Allgemeine Elektrotechnik

II. Elektrisches und magnetisches Feld Einfache Schaltungen mit Transistoren und Operationsverstärkern

von

Manfred Michel

Mit 127 Abbildungen und 4 Tabellen

W DE G

Walter de Gruyter · Berlin · New York · 1975

Dr.-Ing. *Manfred Michel,*
o. Professor für Allgemeine Elektrotechnik an der Technischen Universität Berlin

 Printed in Germany. Satz: IBM-Composer, Walter de Gruyter & Co., Berlin – Druck: K. Gericke, Berlin. – Buchbindearbeiten: Wübben, Berlin
ISBN 3 11 005880 4

Vorwort zum Band II

Band I der „Einführung in die Allgemeine Elektrotechnik" stellte die Arbeitsverfahren zur Berechnung einfacher elektrischer Netzwerke dar.

Im vorliegenden zweiten Band werden in den ersten Abschnitten die elektrotechnischen Gesetze erörtert, die die Arbeitsweise elektrischer Bauelemente beschreiben. Das sind die Gesetze des elektrischen Feldes im Leiter, des elektrostatischen und des magnetischen Feldes. Ein weiterer Abschnitt befaßt sich mit den Wechselwirkungen zwischen magnetischen und elektrischen Feldern.

Ergänzt wird der Band durch zwei Abschnitte über die Anwendung von Transistoren und Operationsverstärkern. Damit ist beabsichtigt, die in vielen Bereichen der Elektrotechnik angewendeten Bauelemente, die erst in den letzten Jahren entwickelt worden sind, in die Grundausbildung der Studenten der Elektrotechnik einzubeziehen.

Der Anlage des Buches entsprechend, wird der Leser in die einzelnen Gebiete der Elektrotechnik eingeführt. Es soll ihn in die Lage versetzen, das vertiefte Studium in den einzelnen Gebieten aufzunehmen. Wie im Vorwort zum Band I gesagt, entspricht der in den beiden Bänden der „Einführung in die Allgemeine Elektrotechnik" behandelte Stoff etwa dem der zweisemestrigen Vorlesung „Grundzüge der Elektrotechnik" an der Technischen Universität Berlin. Diese Vorlesung dient als Einführungsveranstaltung für alle Studenten der Elektrotechnik.

Auch im zweiten Band haben die den einzelnen Abschnitten angefügten Aufgaben eine besondere Bedeutung. Viele von ihnen dienen der Erweiterung des dargebotenen Stoffes unter besonderer Betonung der praktischen Anwendung. Alle Aufgaben sollten dazu benutzt werden, das Verständnis durch selbständige Arbeit zu vertiefen. Die angegebenen Lösungen sollten lediglich zur Kontrolle verwendet werden.

Berlin, im Februar 1975 *Manfred Michel*

Inhaltsverzeichnis

Vorwort zum Band II 5

8. Elektrisches Feld im Leiter 11

8.1 Feldgrößen 11
8.2 Materialeigenschaften des Leiters 13
8.3 Feldliniendarstellung 13

9. Elektrisches Feld im Nichtleiter 16

9.1 Das Coulombsche Gesetz 16
9.2 Feldgrößen 16
9.3 Materialeigenschaften des Dielektrikums 19
9.4 Eigenschaften des elektrostatischen Feldes 20
9.5 Kapazität 22
9.6 Energie im elektrostatischen Feld 25
9.7 Aufgaben zum Abschnitt 9 27

10. Magnetisches Feld 38

10.1 Feldgrößen 38
10.2 Einfluß der Materialeigenschaften im magnetischen Feld 45
10.3 Magnetischer Kreis 48
10.4 Aufgaben zum Abschnitt 10 51

11. Wechselwirkung zwischen magnetischem und elektrischem Feld 63

11.1 Induktionsgesetz 63
11.2 Anwendung des Induktionsgesetzes 70
11.3 Energie im magnetischen Feld 76
11.4 Aufgaben zum Abschnitt 11 78

12. Anwendung von Transistoren 90

12.1 Aufbau des Transistors, Schaltbild, Diodenersatzschaltbild 90
12.2 Kennlinien des Transistors 91
12.3 Transistor-Grundschaltungen 93
12.4 Emitterschaltung als Niederfrequenzverstärker 97
12.5 Transistoreigenschaften in der Vierpoldarstellung 100
12.6 Anwendung des Transistors als Schalter 103
12.7 Aufgaben zum Abschnitt 12 104

13. Anwendung von Operationsverstärkern 116

13.1 Eigenschaften von Operationsverstärkern 116
13.2 Prinzip der Gegenkopplung beim Operationsverstärker 119
13.3 Beispiele für Gegenkopplungsschaltungen 121
13.4 Aufgaben zum Abschnitt 13 125

14. Anhang: Zusammenstellung einiger Begriffe aus der Vektorrechnung . 131
14.1 Skalare und vektorielle Größen 131
14.2 Vektorielle Darstellung im rechtwinkligen Koordinatensystem 131
14.3 Vektor-Eigenschaften von Weg- und Flächenelementen 132
14.4 Skalares Produkt 133
14.5 Vektorielles Produkt 133
14.6 Differentiation eines Vektors nach einem Skalar 134

Literatur 135

Sachregister zu Band I/II 136

Inhaltsverzeichnis zum Band I

Vorwort ... 5

1. Grundbegriffe ... 11
   - 1.1 Physikalische Größen, Einheiten ... 11
   - 1.2 Elektrische Größen ... 15
     - Elektrische Ladung ... 15
     - Elektrischer Strom ... 16
     - Elektrische Spannung ... 18
     - Energie, Leistung ... 21
     - Elektrischer Widerstand ... 21
     - Ohmsches Gesetz ... 22
     - Berechnung des Widerstandes für einen linienhaften Leiter ... 23
     - Temperaturabhängigkeit des spezifischen Widerstandes ... 24
   - 1.3 Aufgaben zum Abschnitt 1 ... 25

2. Grundelemente in elektrischen Netzwerken ... 29
   - 2.1 Spannungen und Ströme ... 29
   - 2.2 Aktive Netzwerkselemente, aktive Zweipole ... 33
   - 2.3 Leistung bei zeitveränderlichen Größen ... 35
   - 2.4 Passive Netzwerkselemente ... 36
   - 2.5 Aufgaben zum Abschnitt 2 ... 39

3. Grundgesetze elektrischer Netzwerke ... 47
   - 3.1 Vorbemerkungen ... 47
   - 3.2 Kirchhoffsche Sätze ... 48
   - 3.3 Reihen- und Parallelschaltungen ... 51
   - 3.4 Spannungs- und Stromteilerregeln ... 54
   - 3.5 Reihen- und Parallelschaltung von Drosselspulen und Kondensatoren ... 55
   - 3.6 Einfaches Ersatzbild für die technische Ausführung aktiver Zweipole ... 57
   - 3.7 Die Anwendung von Ersatzspannungs- und Ersatzstromquellen ... 60
   - 3.8 Überlagerungsprinzip ... 63
   - 3.9 Aufgaben zum Abschnitt 3 ... 64

4. Netzwerke bei Speisung mit harmonischen Größen ... 73
   - 4.1 Darstellung von harmonischen Größen ... 73
   - 4.2 Definition der Wechselstromwiderstände und Wechselstromleitwerte ... 78
   - 4.3 Berechnung der Leistung bei harmonischen Größen ... 84
   - 4.4 Mehrphasensysteme ... 86
   - 4.5 Aufgaben zum Abschnitt 4 ... 94

5. Frequenzabhängigkeit elektrischer Netzwerke ... 106
   - 5.1 Ortskurven ... 106
   - 5.2 Frequenzgang-Darstellung ... 112

5.3 Resonanz 117
5.4 Aufgaben zum Abschnitt 5 126

6. Netzwerke mit nicht-linearen Elementen 139

6.1 Darstellung der Eigenschaften nicht-linearer Netzwerkselemente 139
6.2 Zusammenschaltung linearer und nicht-linearer Netzwerkselemente 144
6.3 Nicht-lineare Elemente bei Speisung mit harmonischen Größen 148
6.4 Effektivwert und Leistung bei nicht-sinusförmigen Größen 154
6.5 Aufgaben zum Abschnitt 6 157

7. Ausgleichsvorgänge in Netzwerken 171

7.1 Ausgleichsvorgänge, die nur Drosselspulen oder nur Kondensatoren enthalten 172
7.2 Ausgleichsvorgänge, die Drosselspulen und Kondensatoren enthalten . . . 179
7.3 Aufgaben zum Abschnitt 7 185

Literatur 199

Sachregister 200

8. Elektrisches Feld im Leiter

Im folgenden werden elektrische Erscheinungen in räumlich ausgedehnten Gebieten betrachtet. Alle vorangegangenen Berechnungen beschäftigten sich mit der Zusammenschaltung diskreter Bauelemente zu Netzwerken. Die Eigenschaften der Bauelemente wurden durch die Zweipolgleichungen dieser Elemente beschrieben. Die Verbindung der Bauelemente untereinander erfolgte durch widerstandsfreie Leitungen.

In diesem Abschnitt sollen die elektrischen Erscheinungen untersucht werden, die in elektrischen Leitern mit einem endlichen Widerstandswert vorliegen für den Fall, daß die räumliche Ausdehnung des Leiters berücksichtigt werden muß. In solchen Leitern liegt eine Strömung von Ladungsträgern vor, so daß das elektrische Feld im Leiter auch **Strömungsfeld** heißt.

8.1 Feldgrößen

Zur Beschreibung der elektrischen Erscheinungen in räumlich ausgedehnten Leitern, die mit strömenden Ladungsträgern verbunden sind, werden zwei Größen definiert:

Eine Größe, die den Antrieb auf Ladungsträger beschreibt.
Eine Größe, die die Strömung selbst beschreibt.

In der Gleichung (1.2) im Abschn. 1 wird, ausgehend von der Kraftwirkung in einem elektrischen Feld, eine Antriebsgröße – die **Feldstärke** – definiert

$$\vec{E} = \frac{1}{Q}\vec{F}$$

Sie ist die auf die Ladungseinheit wirkende Kraft und ist eine im Raum gerichtete Größe.

Über die Vorstellung der Ortsverteilung der potentiellen Energie im elektrischen Feld war in der Gleichung (1.6) das elektrische Potential eingeführt worden. Aus dieser Gleichung kann der Betrag der Feldstärke bestimmt werden:

$$|\vec{E}| = E = -\frac{dV}{dn} \qquad (8.1)$$

Die Richtung von $\vec{E}$ ist gegeben durch die Richtung der Kraftwirkung auf die Ladung (Gleichung (1.2)). Diese ist identisch mit der Richtung der größten Potentialänderung. In der Gleichung (8.1) ist dn demzufolge ein Wegelement in der Richtung der größten Potentialänderung dV.

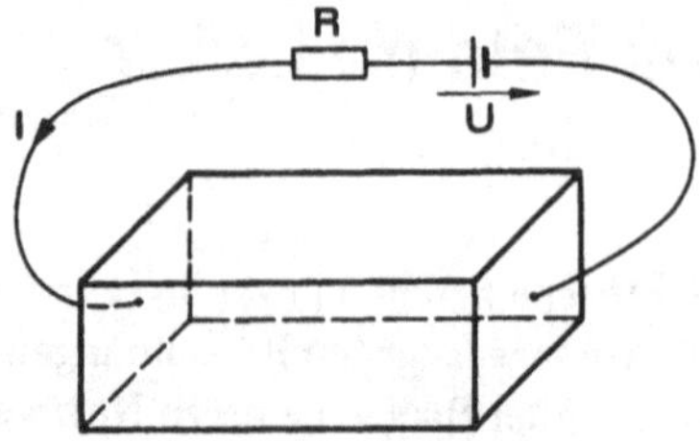

Bild 8.1 Beispiel eines räumlichen, ausgedehnten Leiters

Das Bild 8.1 zeigt einen räumlich ausgedehnten Leiter, der an einen Stromkreis angeschlossen ist. Der im Kreis fließende Strom I setzt sich auch in dem räumlich ausgedehnten Leiter als Strömung von Ladungsträgern fort. Zur Beschreibung dieses Vorganges genügt die Größe Strom nicht, da etwas über die örtliche Verteilung der Strömung im Leiter ausgesagt werden soll. Daher wird der auf die Querschnittfläche bezogene Strom verwendet. Diese Größe heißt **Stromdichte.** Ihr Betrag wird definiert:

$$|\vec{S}| = S = \lim_{\Delta A \to 0} \frac{\Delta I}{\Delta A} = \frac{dI}{dA} \tag{8.2}$$

Der Gesamtstrom durch eine Fläche A ist dann durch die Summation der Ströme durch die Flächenelemente zu bestimmen.

$$I = \int^{A} S \cdot dA \tag{8.3}$$

Nun ist bei einer allgemeinen Strömung nicht notwendig, daß das Flächenelement dA dieselbe Richtung hat wie S. In der Gleichung (8.3) soll berücksichtigt werden, daß Fläche und Stromdichte Vektoren sind.

$$I = \int^{A} \vec{S}\, d\vec{A} \tag{8.4}$$

Die Richtung des Flächenelementes wird durch den Normalvektor $d\vec{A}$ gekennzeichnet. Die Stromdichte in diesem Flächenelement wird durch $\vec{S}$ wiedergegeben. Für den Strom in Richtung $d\vec{A}$ kommt nur die Komponente $|\vec{S}| \cos\alpha$ in

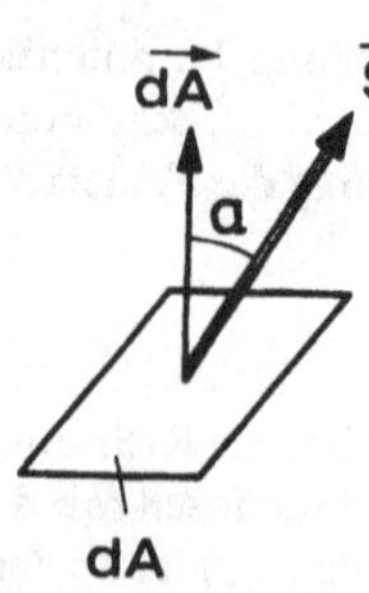

Bild 8.2 Vektorielle Darstellung Stromdichte $\vec{S}$ und Flächenelement $d\vec{A}$

Frage. Dieses wird durch die vektorielle Schreibweise in der Gleichung (8.4) berücksichtigt (Gleichung (14.3) im Abschn. 14).

Als Richtung von $\vec{S}$ wird die Strömungsrichtung der positiven Ladungsträger verwendet.

8.2 Materialeigenschaften des Leiters

Mit Hilfe eines Experimentes läßt sich zeigen, daß im elektrischen Strömungsfeld zwischen der den Antrieb beschreibenden Größe – Feldstärke $\vec{E}$ – und der die Strömung beschreibenden Größe – Stromdichte $\vec{S}$ – der folgende Zusammenhang besteht:

$$\vec{S} = \kappa \vec{E} \tag{8.5}$$

Das Experiment zeigt, daß mit der Größe κ die Materialeigenschaften berücksichtigt werden können.

Das soll in folgender Weise geschehen:

> Die Materialgröße κ ist für den betrachteten Raumausschnitt vom Ort unabhängig, dann liegt ein homogenes Material vor. Bei Ortsabhängigkeit von κ liegt inhomogenes Material vor.
>
> Für die Materialien, bei denen die Strömungsrichtung identisch ist mit der Antriebsrichtung, d. h. bei denen die Richtungen von $\vec{S}$ und $\vec{E}$ übereinstimmen, ist κ eine skalare Größe. Solche Stoffe heißen isotrope Stoffe. Stoffe, bei denen die Materialgröße von der Richtung abhängig ist, heißen anisotrope Stoffe in bezug auf die Größen des Strömungsfeldes.
>
> Schließlich ist zu unterscheiden zwischen Stoffen, bei denen κ nicht von der Feldstärke abhängt, κ also eine Stoffkonstante ist, und Stoffen, bei denen κ nicht konstant ist.

Die meisten Leiterwerkstoffe sind isotrope Stoffe mit einer konstanten Materialgröße κ. Sie lassen sich oft so herstellen, daß sie als homogene Leiter verwendet werden können. Dann ist κ die im Abschn. 1.2 eingeführte Leitfähigkeit (siehe Tab. 1.4).

8.3 Feldliniendarstellung

Soll das Strömungsfeld vollständig beschrieben werden, so müssen für jeden Punkt des Raumes $\vec{E}$ und $\vec{S}$ angegeben werden. Es ist zu beachten, daß damit für jeden Punkt eine Betrags- und eine Richtungsaussage über die Feldstärke und die Stromdichte gemacht wird.

Eine anschauliche Darstellung ergibt sich, wenn das Feld durch eine Anzahl von **Feld- oder Kraftlinien** beschrieben wird. Diese entstehen, wenn ausgehend von einem Punkt die Kraftrichtung auf einen positiven Ladungsträger jeweils in differentiellen Abständen eingezeichnet wird und wenn dieser Polygonzug durch eine Kurve ersetzt wird. Die Tangentenrichtung an die so entstandene Feldlinie gibt die Kraft- und damit die Feldstärkerichtung in jedem Punkt an. Die Feldlinien werden um so dichter gezeichnet, je größer die Feldstärke ist.

Bei einem homogenen Stoff, für den κ = konst ist, gilt die Richtungsaussage sowohl für die Feldstärke als auch für die Stromdichte. Der Betrag der Stromdichte ist entsprechend der Gleichung (8.5) zu berechnen.

Für diesen Fall (κ = konst) läßt sich auch der Abstand der einzelnen Feldlinien gut veranschaulichen. Der Abstand zweier Feldlinien ist so zu wählen, daß in dem bei einem ebenen Feld von zwei Feldlinien gebildeten Streifen ein konstanter Teilstrom fließt.

Analog dazu begrenzen in einem räumlich ausgedehnten Feld vier Feldlinien eine Röhre, in der ein konstanter Teilstrom fließt.

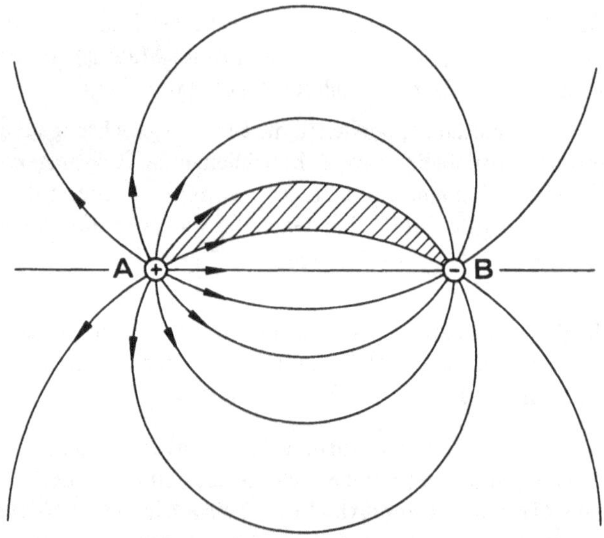

Bild 8.3 Feldlinienbild des Strömungsfeldes in einem ebenen Leiter

Das Bild 8.3 zeigt das Feldlinienbild eines ebenen Leiters mit einer Stoffkonstanten κ = konst. Es wird dabei angenommen, daß bei A eine Strömung in den Leiter eintritt und diesen bei B wieder verläßt. Dieser Gesamtstrom wird in 12 Teilströme gleichmäßig aufgeteilt. Das Feldbild zeigt zwölf Streifen, in denen je ein Teilstrom fließt. Im Bild 8.3 wurde einer dieser Streifen zur Veranschaulichung hervorgehoben.

Die Feldlinien bezeichnen mit ihrer Tangentenrichtung jeweils die Richtung der größten Potentialänderung. Eine andere Linie für die anschauliche Felddarstellung ergibt sich, wenn die Richtung einer Bewegung aufgezeichnet wird, bei der sich das Potential überhaupt nicht ändert. Diese Linien verbinden somit Punkte gleichen Potentials miteinander und heißen **Äquipotentiallinien**. In einem räumlichen Leiter ergeben sich dementsprechend Äquipotentialflächen.

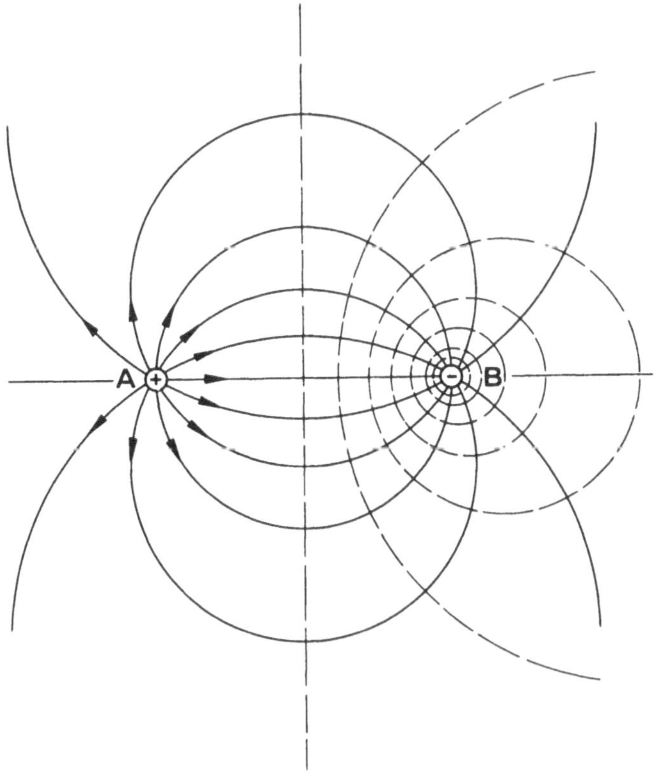

Bild 8.4 Feld- und Äquipotentiallinien eines ebenen Strömungsfeldes

Im Bild 8.4 sind in der rechten Feldhälfte zwischen den Feldlinien die Äquipotentiallinien eingezeichnet worden. Feldlinien und Äquipotentiallinien schneiden sich senkrecht und bilden ein Netz aus quadratähnlichen Maschen.

9. Elektrisches Feld im Nichtleiter

In diesem Abschnitt werden Felder betrachtet, die von ruhenden Ladungen ausgehen und sich in einem Nichtleiter ausbreiten. Solche Felder werden auch **elektrostatische Felder** genannt. Der Stoff, in dem ein elektrostatisches Feld vorhanden ist, wird oft Dielektrikum genannt.

9.1 Das Coulombsche Gesetz

Für ein einfaches elektrostatisches Feld, das Feld zweier punktförmig angenommener Ladungen, ist schon seit langem der Zusammenhang zwischen Kraft und Ladung experimentell bekannt. Dieser Zusammenhang der Kraft F mit den Ladungen Q_1, Q_2 und ihrem Abstand r wird durch das Coulombsche Gesetz beschrieben.

$$F = K \frac{Q_1 Q_2}{r^2} \tag{9.1}$$

In dieser Gleichung bezeichnet K eine Konstante, die etwas über den Stoff aussagt, in dem sich das Feld ausbreitet.

Mit einem Einheitsvektor $\vec{n}$ in der Verbindungsgeraden zwischen den Punktladungen läßt sich die Kraft auch als Vektor beschreiben:

$$\vec{F} = K \frac{Q_1 Q_2}{r^2} \vec{n} \tag{9.2}$$

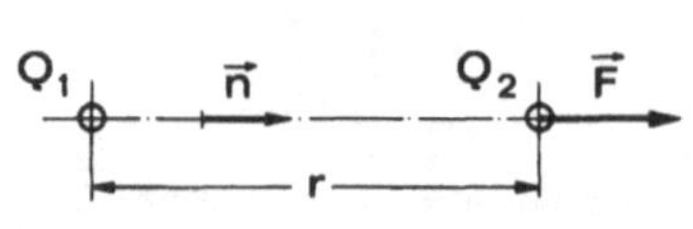

Bild 9.1 Kraftwirkung zwischen zwei Punktladungen

9.2 Feldgrößen

In diesem Abschnitt werden, über das Coulombsche Gesetz hinausgehend, Eigenschaften des elektrostatischen Feldes beschrieben. Zu diesem Zweck werden zwei Feldgrößen definiert.

Im Abschn. 1 ist der Zusammenhang zwischen der Kraftwirkung auf eine Ladung und der elektrischen Feldstärke in der Gleichung (1.2) aufgestellt worden:

$$\vec{E} = \frac{1}{Q}\vec{F}$$

Diese Beziehung enthält keine Konstante. Sie gilt unabhängig von dem Material, in dem sich das elektrische Feld ausbreitet. Das heißt, daß alle Definitionen über die den Antrieb kennzeichnende Größe, die Feldstärke, auch für das Feld in einem Nichtleiter gültig sind, so wie sie im Abschn. 8 für den Leiter getroffen wurden.

Die Größen Feldstärke $\vec{E}$, Potential V und die zu ihrer Veranschaulichung herangezogenen Mittel wie Feldlinien, Äquipotentiallinien und Äquipotentialflächen können, wie sie im Abschn. 8 eingeführt wurden, angewendet werden.

Schon im Abschn. 1 war das elektrische Feld zwischen zwei parallelen, isoliert voneinander aufgestellten Leiterplatten benutzt worden. Das Bild 9.2 zeigt einen ebenen Schnitt durch ein solches Feld. Im Gebiet zwischen den leitenden Platten befindet sich das Dielektrikum. Auf einer Elektrodenplatte sind positive, auf der anderen Platte negative Ladungen vorhanden. Die Platten selbst werden als unendlich gute Leiter angenommen.

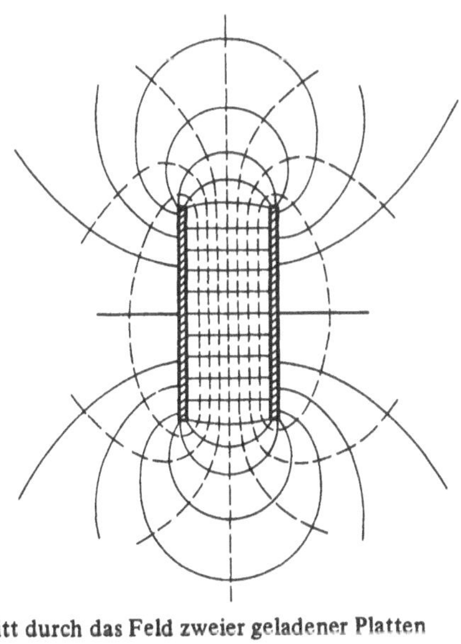

Bild 9.2 Ebener Schnitt durch das Feld zweier geladener Platten

Im Bild ist der Verlauf von Feld- und Äquipotentiallinien dargestellt. Es sei darauf aufmerksam gemacht, daß bei den getroffenen Voraussetzungen die Feldlinien senkrecht aus den Elektroden austreten.

Zur vollständigen Beschreibung der Eigenschaften des elektrostatischen Feldes ist eine weitere Größe zu definieren. Im Feld des Nichtleiters ist keine Strömung von Ladungsträgern vorhanden. Experimente zeigen jedoch, daß es sinnvoll ist, eine Größe von Strömungs- oder Flußcharakter zu definieren.

Das Experiment, bei dem eine leitende Testfolie in ein elektrisches Feld gebracht wird (Bild 9.3) zeigt zwei Ergebnisse:

a) Auf der Testfolie werden Ladungen getrennt.

b) Bei gleichbleibender Feldstärke, aber unterschiedlichen Dielektrika, entstehen unterschiedliche Ladungsmengen.

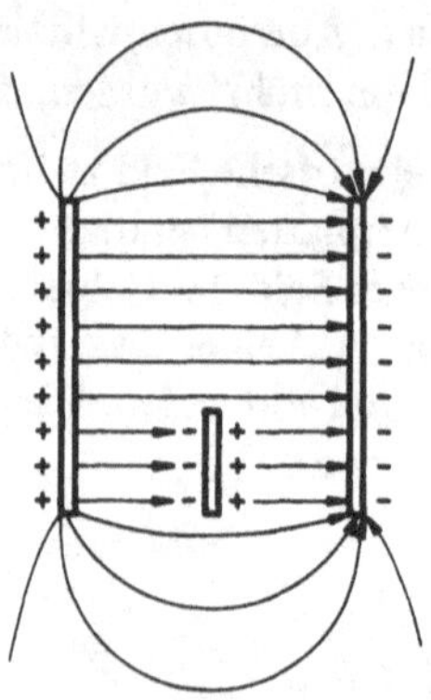

Bild 9.3 Ladungstrennung auf einer Testfolie im elektrostatischen Feld

Die Vorstellung, die aus dem Ergebnis b) dieses Experimentes zu gewinnen ist, führt zu einer Größe von Flußcharakter, die im Dielektrikum vorhanden ist. Diese Größe wird **elektrischer Verschiebungsfluß** Ψ_{el} genannt:

> Die Stärke eines Flußteiles $\Delta\Psi_{el}$, der eine leitende Testfolie durchsetzt, ist der auf dieser Folie verschobenen Ladungsmenge ΔQ proportional.
>
> $$\Delta\Psi_{el} = \Delta Q \qquad (9.3)$$
>
> In (9.3) wurde für eine mögliche Proportionalitätskonstante der Wert Eins gewählt.

Über den Zusammenhang zwischen dem Verschiebungsfluß Ψ_{el} und der Gesamtladung Q einer Anordnung gibt ein weiteres Experiment Auskunft:

> Es werden verschiedene, geschlossene Äquipotentialflächen als Testfolie um die Ladung Q gelegt. Es zeigt sich, daß auf den verschiedenen Hüllflächen dieselbe Ladungsmenge entsteht. Das gilt auch für die Oberfläche der Elektroden.

Daraus ist zu schließen:

> Von einer Ladung + Q geht ein Verschiebungsfluß Ψ_{el} aus, der auf der Ladung - Q endet.

$$\Psi_{el} = Q \tag{9.4}$$

Mit (9.4) wird auch die Einheit des elektrischen Verschiebungsflusses definiert. Sie entspricht der elektrischen Ladung.

Als positive Richtung des Verschiebungsflusses wird die Richtung der Bewegung einer positiven Ladung auf der Testfolie verwendet.

Zur Beschreibung der örtlichen Verhältnisse in einem räumlich ausgedehnten Leiter ist der gesamte Verschiebungsfluß nicht geeignet. Dazu wird die Verschiebungsflußdichte $\vec{D}$ eingeführt:

$$\text{Betrag:} \quad D = \frac{d\Psi_{el}}{dA} \tag{9.5}$$

Richtung von $\vec{D}$: Richtung des Verschiebungsflußteiles $d\Psi_{el}$

Einheit: $\frac{As}{m^2}$

In (9.5) stellt dA ein Flächenelement dar, auf dem $d\Psi_{el}$ senkrecht steht.

Wegen des engen Zusammenhanges zwischen der Ladung Q und der Verschiebungsflußdichte $\vec{D}$ (Beziehungen (9.5) und (9.4)) und weil die Ladung die Ursache des elektrostatischen Feldes ist, wird die Größe $\vec{D}$ auch **elektrische Erregung** genannt.

9.3 Materialeigenschaften des Dielektrikums

Die Materialeigenschaften des Dielektrikums werden mit der Beziehung zwischen $\vec{D}$ und $\vec{E}$ und der Definition eines Dielektrizitätsfaktors ϵ berücksichtigt:

$$\vec{D} = \epsilon \vec{E} \tag{9.6}$$

Ist die Materialgröße ϵ vom Ort unabhängig, liegt homogener, bei Ortsabhängigkeit dagegen inhomogener Stoff in bezug auf die Größen des elektrostatischen Feldes vor.

Je nach der Richtungsabhängigkeit von ϵ werden isotrope oder anisotrope Stoffe unterschieden.

Die Stoffgröße kann konstant sein oder von der Feldstärke abhängen.

Bei sehr vielen Stoffen ist ϵ eine Konstante. Dann wird ϵ die Dielektrizitätskonstante genannt. Aus praktischen Gründen wird geschrieben:

$$\epsilon = \epsilon_0 \, \epsilon_r \tag{9.7}$$

Hierin bedeutet ϵ_0 die Dielektrizitätskonstante des Vakuums:

$$\epsilon_0 = 8{,}86 \cdot 10^{-12} \, \frac{\mathrm{A\,s}}{\mathrm{V\,m}} \tag{9.8}$$

In der Gleichung (9.7) ist ϵ_r ein Faktor, der die Stoffeigenschaften berücksichtigt. Dieser Faktor heißt auch relative Dielektrizitätskonstante. Er ist stark von der Temperatur abhängig. Die Tab. 9.1 enthält die Werte für ϵ_r von einigen technisch angewendeten Stoffen.

Werkstoff	ϵ_r
Glimmer	4 bis 8
getränktes Papier	3,4 bis 4
PVC-Mischungen	5 bis 8
Luft	≈ 1

Tab. 9.1 Relative Dielektrizitätskonstante ϵ_r verschiedener Stoffe bei 20 °C

9.4 Eigenschaften des elektrostatischen Feldes

Im Folgenden wird die Bewegung einer Probeladung Q in einem elektrostatischen Feld betrachtet, das von der Ladung Q_0 ausgeht. Diese Ladung Q_0 befindet sich im Ursprung des Koordinatensystems.

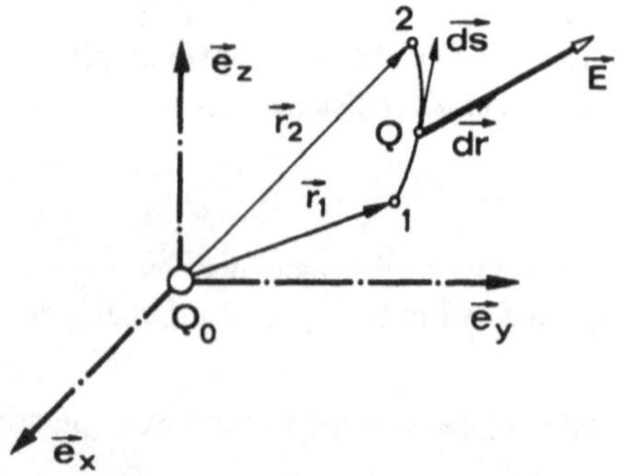

Bild 9.4 Bewegung einer Ladung Q im elektrostatischen Feld

Wird die Ladung Q in diesem elektrostatischen Feld entlang eines Wegelementes ds bewegt, so wird eine mechanische Arbeit dW umgesetzt:

$$dW = \vec{F}\,\vec{ds} \tag{9.9}$$

Wird $\vec{F}$ in dieser Gleichung ersetzt durch die Feldstärke $\vec{E}$ (Gleichung (1.2)) und wird das endliche Wegstück zwischen den Punkten 1 und 2 betrachtet, so gilt für die bei dieser Bewegung umgesetzte Arbeit:

$$W_{12} = Q \int_1^2 \vec{E}\,\vec{ds} = Q \int_1^2 E\,ds \cos \sphericalangle (\vec{E}\,\vec{ds}) = Q \int_{r_1}^{r_2} E\,dr \tag{9.10}$$

Da das Feld, das im Bild 9.4 dargestellt ist, das zweier Punktladungen ist, kann mit Hilfe des Coulombschen Gesetzes W_{12} für dieses Beispiel berechnet werden. Mit Hilfe der Gleichung (9.1) kann zunächst E bestimmt werden:

$$E = \frac{F}{Q} = K \frac{Q_0}{r^2}$$

Wird dies in Gleichung (9.10) eingesetzt:

$$W_{12} = K\,Q\,Q_0 \int_{r_1}^{r_2} \frac{dr}{r^2} = -\,K\,Q\,Q_0 \left(\frac{1}{r_2} - \frac{1}{r_1}\right) \tag{9.11}$$

Die Gleichung (9.11) zeigt, daß die umgesetzte Arbeit W_{12} bei der Bewegung von Q nur von den Endpunkten 1 und 2 abhängt, nicht jedoch vom durchlaufenen Bahnstück, d. h. nicht vom Integrationsweg.

Wird die Ladung Q auf einer geschlossenen Bahn C bewegt (Bild 9.5), so ergibt sich wegen $r_1 = r_2$:

$$\oint^{C} \vec{E}\,\vec{ds} = 0 \tag{9.12}$$

Im elektrostatischen Feld ist das geschlossene Linienintegral der Feldstärke Null.

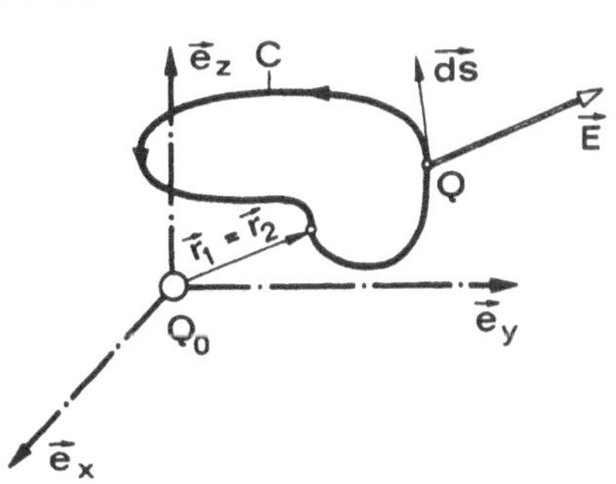

Bild 9.5 Bewegung einer Ladung Q im elektrostatischen Feld auf einer geschlossenen Bahnkurve C

Für alle Stoffe, bei denen ϵ = konst. gilt, können beliebige Feldanordnungen aus der linearen Überlagerung von Punktladungen gewonnen werden. Deshalb gilt die Gleichung (9.12) ganz allgemein.

Da außerdem schon in (1.8) geschrieben wurde:

$$\frac{W_{12}}{Q} = U_{12}$$

kann auch formuliert werden:

> Das Wegintegral der elektrischen Feldstärke – die elektrische Spannung zwischen zwei Punkten – ist im elektrostatischen Feld vom Integrationsweg unabhängig.

9.5 Kapazität

Es soll eine technisch zu nutzende Elektrodenanordnung untersucht werden, wie sie etwa das Bild 9.6 zeigt. Eine solche Anordnung wird Kondensator genannt. Die eine Elektrode aus leitendem Material trägt die Ladung + Q, die andere die Ladung - Q. Die Elektroden sind durch einen Nichtleiter getrennt. Das Feld wird durch die eingezeichneten Feldlinien veranschaulicht.

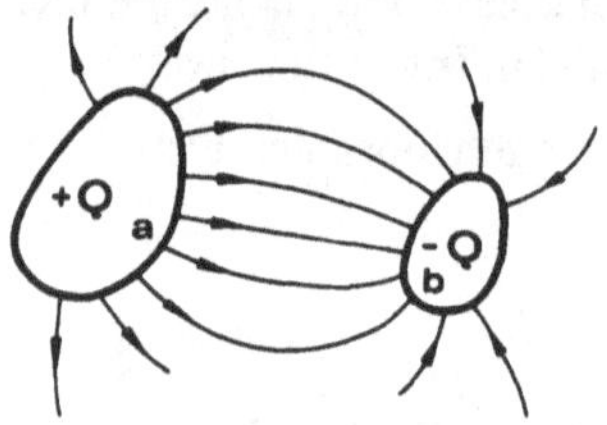

Bild 9.6 Elektrodenanordnung – Prinzip des Kondensators

Folgende Beziehungen bestehen zwischen den elektrischen Eigenschaften der Elektrodenanordnung (Ladung auf den Elektroden und Spannung zwischen den Elektroden) und den Feldgrößen:

Aus (9.5) und (9.4):

$$\oint^{A} \vec{D}\, d\vec{A} = Q$$

Aus (8.1):

$$\int_a^b \vec{E}\, d\vec{s} = -(V_b - V_a) = U_{ab}$$

Wird in einem Experiment bei gleichbleibender Elektrodenanordnung die Ladungsmenge auf den Elektroden verändert, so zeigt sich, daß das Verhältnis Ladungsmenge zu Spannung konstant ist. Es sind also auf einer Elektrodenanordnung um so mehr Ladungen unterzubringen, je größer die Spannung zwischen den Elektroden sein darf.

Dieser Quotient stellt das Fassungsvermögen oder die Kapazität der Elektrodenanordnung dar. Als Größenbezeichnung wird der Buchstabe C gewählt

$$\frac{Q}{U} = C \tag{9.13}$$

Diese Definition gilt für eine zeitlich konstante Ladungsmenge. Bei einer zeitlich sich ändernden Ladungsmenge folgt aus (9.13) die schon im Abschn. 2 verwendete Beziehung für einen Kondensator

$$i = C\,\frac{du}{dt}$$

In der Gleichung (9.13) wird die Kapazität der Elektrodenanordnung mit Hilfe der elektrischen Größen Q und U ausgedrückt. Werden die Feldgrößen $\vec{D}$ und $\vec{E}$ verwendet, so ergibt sich

$$C = \frac{\oint^{A} \vec{D}\, d\vec{A}}{\int_a^b \vec{E}\, d\vec{s}} \tag{9.14}$$

Beispiel

Im folgenden Beispiel soll die Kapazität eines Plattenkondensators berechnet werden.

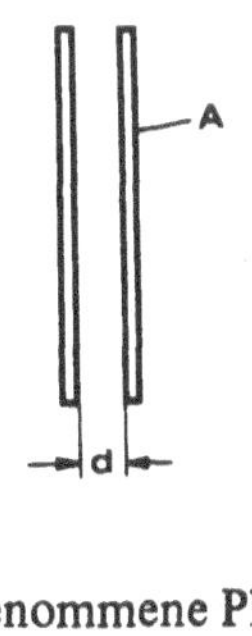

Bild 9.7 Plattenkondensator

Zwei als unendlich gut leitend angenommene Platten, jede mit der Fläche A, stehen sich im Abstand d gegenüber. Das Dielektrikum sei Luft. Wegen der letzten Voraussetzung kann mit ϵ = konst. gerechnet werden. Es wird weiter angenommen, daß der Plattenabstand d wesentlich kleiner ist als die Abmessungen der Plattenflächen. Dann ist der Fehler klein, der entsteht, wenn nur das

Feld zwischen den Platten berücksichtigt wird, die Feldgebiete außerhalb der Platten jedoch vernachlässigt werden. Im inneren Feldgebiet ist jeweils $\vec{D}$ so gerichtet wie $d\vec{A}$. Die Ladungsverteilung auf den Elektrodenplatten ist gleichmäßig, so daß im inneren Feldbereich D = konst. gilt. Dann läßt sich aber schreiben:

$$\oint^{A} \vec{D}\, d\vec{A} = D\,A \tag{9.15}$$

Für das Feld im Innenraum zwischen den Platten gilt, daß $\vec{E}$ mit $d\vec{s}$ gleichgerichtet ist. Wegen D = konst. ist auch E = konst.

$$\int \vec{E}\, d\vec{s} = E\,d \tag{9.16}$$

Damit läßt sich die Kapazität des Plattenkondensators unter den angegebenen Voraussetzungen folgendermaßen schreiben:

$$C = \frac{D\,A}{E\,d} \tag{9.17}$$

Mit $D = \epsilon E$ folgt hieraus:

$$C = \epsilon \frac{A}{d} \tag{9.18}$$

Da die für das Beispiel getroffenen Voraussetzungen für viele technische Kondensatoren gelten, kann mit der Gleichung (9.18) ihre Kapazität berechnet werden. Besonders große Kapazitätswerte werden erzielt mit großen Flächen A und kleinen Abständen d. Große Flächen bei kleinen Abmessungen ergeben sich, wenn der Kondensator als Wickel aufgebaut wird.

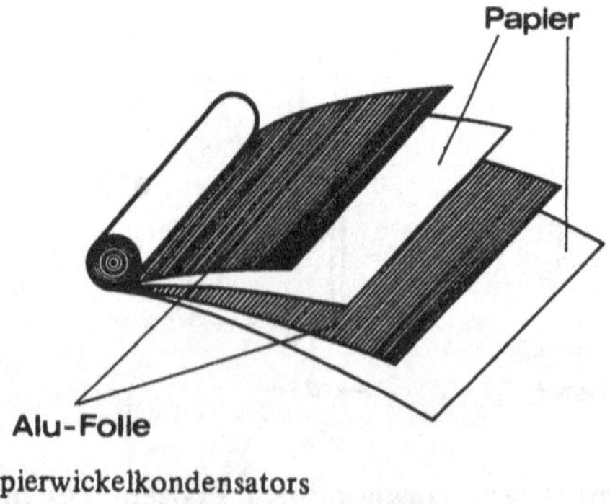

Bild 9.8 Prinzip des Papierwickelkondensators

Kleine Abstände ergeben sich durch Verwenden von Papier oder von Lackschichten als Dielektrikum. Die Dicke des Isolierstoffes wird dadurch begrenzt, daß bei fest angenommener Spannung die Feldstärke mit kleiner werdender

Dicke des Isolierstoffes steigt. Alle Isolierstoffe haben eine zulässige Feldstärke, die nicht überschritten werden darf. Daraus folgt, daß im allgemeinen die Betriebsspannung eines Kondensators um so niedriger ist, je dünner der Isolierstoff ist.

9.6 Energie im elektrostatischen Feld

Für eine Elektrodenanordnung soll der Betrag der im Feld gespeicherten Energie berechnet werden.

Es wird von einer festen Elektrodenanordnung ausgegangen und ein Bauelement mit konstanter Kapazität betrachtet. Spannung und Strom am Kondensator seien Funktionen der Zeit. Dann folgt daraus, daß sich in einem zeitlichen Intervall zwischen t_1 und t_2 die elektrische Energie um einen bestimmten Betrag ΔW ändert:

$$\Delta W = \int_{t_1}^{t_2} u_C \, i \, dt \tag{9.19}$$

Mit $i = C \frac{du_C}{dt}$ folgt hieraus

$$\Delta W = C \int_{u_1}^{u_2} u_C \, du_C \tag{9.20}$$

$$\Delta W = \frac{C}{2} (u_2^2 - u_1^2) \tag{9.21}$$

Die Gleichung (9.21) sagt aus, daß sich die Energie in einem Kondensator um den Betrag ΔW ändert, wenn sich seine Klemmenspannung vom Wert u_1 nach dem Wert u_2 ändert.

Soll die in einem Kondensator gespeicherte Gesamtenergie ausgedrückt werden, so ist in (9.21) $u_1 = 0$ und $u_2 = u$ einzusetzen:

$$W = \frac{C}{2} u^2 = \frac{1}{2} Q u \tag{9.22}$$

Bisher wurde die Energie des Kondensators mit Hilfe der an den Anschlußklemmen des Bauelementes vorhandenen elektrischen Größen ausgedrückt. Jetzt soll das mit Hilfe der Feldgrößen des elektrostatischen Feldes im Kondensator erfolgen. Aus dem Feld wird ein Volumenelement ΔV herausgeschnitten

$$\Delta V = \Delta A \, \Delta s$$

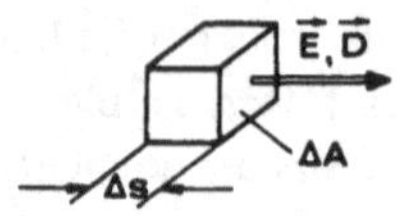

Bild 9.9 Volumenelement des elektrostatischen Feldes

Es soll ein Stoff vorliegen, bei dem $\vec{E}$ und $\vec{D}$ gleichgerichtet sind. $\vec{E}$ hat außerdem die Richtung von $\vec{\Delta s}$ und $\vec{D}$ die Richtung von $\vec{dA}$, so daß die vektorielle Schreibweise ganz wegfallen kann. Die Gleichung (9.19) kann mit $i = \frac{dq}{dt}$ auch geschrieben werden:

$$\Delta W = \int_{Q_1}^{Q_2} u_c \, dq \tag{9.23}$$

Aus (9.23) folgt unter Verwendung der Größen des Volumenelementes $u_C = E\Delta s$ und $dq = dD \, \Delta A$

$$\Delta W = \Delta V \int_{D_1}^{D_2} E \, dD \tag{9.24}$$

Die Gleichung (9.24) gibt die Änderung der Energie in einem Volumenelement an, wenn sich die Verschiebungsflußdichte von D_1 nach D_2 ändert.

Soll die gesamte Energie ausgedrückt werden, die im Volumenelement ΔV vorhanden ist, so ist die Integration von $D_1 = 0$ bis $D_2 = D$ auszuführen:

$$W = \Delta V \int_0^D E \, dD \tag{9.25}$$

Aus (9.25) kann die Energiedichte des elektrostatischen Feldes bestimmt werden:

$$\frac{W}{\Delta V} = \int_0^D E \, dD \tag{9.26}$$

Liegt ein Stoff mit ϵ = konst. vor, kann die Integration in der Gleichung (9.26) ausgeführt werden. Für diese Stoffe gilt dann:

$$\frac{W}{\Delta V} = \frac{1}{2} E \, D \tag{9.27}$$

Anwendungsbeispiel

Im folgenden Beispiel soll berechnet werden, mit welcher Kraft sich zwei ebene Platten in Luft anziehen. Zugrunde gelegt wird eine Plattenanordnung, wie sie das Bild 9.7 zeigt. Es wird angenommen, daß die Platten so dicht beieinander stehen, daß nur das Feld im Inneren betrachtet zu werden braucht. Die Platten sind geladen und auf diese Ladungen werden Kräfte ausgeübt. Die Ladungen können aus den Platten nicht heraustreten. Die Kraftwirkung überträgt sich von den Ladungen auf die Platten.

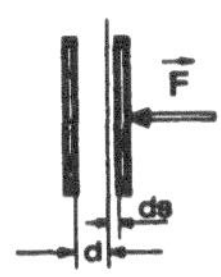

Bild 9.10 Zur Kraftwirkung auf die Platten eines Plattenkondensators

Ohne daß sich die Ladungsmenge auf den Platten ändert, wird der Abstand der Platten um ein kleines Stück ds verändert. Mit Q = konst. ist auch D = konst. Wegen Luft als Dielektrikum ist auch E = konst. Bei der Änderung des Plattenabstandes ändert sich die Spannung zwischen den Platten:

$$dU = E\,ds \tag{9.28}$$

Aus der Gleichung (9.22) ergibt sich auch die Änderung der Energie.

$$dW = \frac{1}{2}\,Q\,dU = \frac{1}{2}\,DA\,E\,ds$$

Dieser Energiebetrag ist gleich der mechanischen Arbeit, die bei der Abstandsänderung der Platten geleistet wird.

$$dW = F\,ds \tag{9.29}$$

Damit kann die Kraft F ausgerechnet werden. Sie soll auf die Elektrodenfläche A bezogen werden:

$$\frac{F}{A} = \frac{1}{2}\,E\,D \tag{9.30}$$

Die Gleichung (9.30) gibt die auf die Flächeneinheit bezogene Kraft an, die auf die Elektroden eines Plattenkondensators ausgeübt wird, wenn die Platten in Luft dicht beieinander stehen.

9.7 Aufgaben zum Abschnitt 9

Aufgabe 9.71

Auf einer Hohlkugel mit dem Radius r_0 (Wanddicke vernachlässigbar) ist eine Ladung Q gleichmäßig verteilt. Es ist die Abhängigkeit der Feldstärke von der Entfernung vom Kugelmittelpunkt zu berechnen.

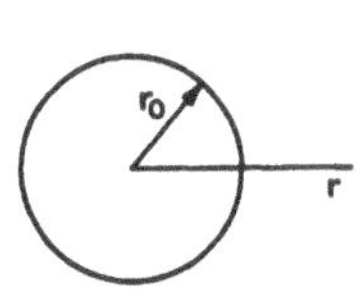

Aufgabe 9.72

Die Mittelpunkte zweier geladener Kugeln (Radius r_0) haben in Luft den Abstand a. Es ist die Abhängigkeit der Feldstärke von einer Koordinate in der Verbindungsgeraden zu berechnen. Es seien die beiden Fälle betrachtet:

a) $Q_1 = Q \qquad Q_2 = -Q$

b) $Q_1 = Q_2 = Q$

Aufgabe 9.73

In einem elektrostatischen Feld (Betrag und Richtung von $\vec{E}$ sind konstant) wird eine Ladung + Q auf einer Kreisbahn mit dem Radius r bewegt.

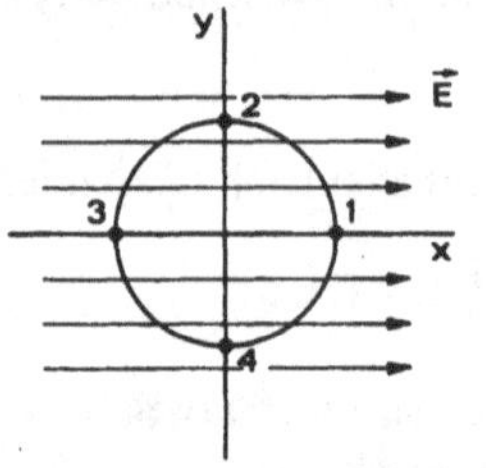

Wie groß sind die Energiebeträge, die dem Feld entnommen werden, wenn die Ladung

von 1 → 2, bzw. 2 → 3, bzw. 3 → 4, bzw. 4 → 1

bewegt wird?

Aufgabe 9.74

Ein Elektron tritt wie skizziert bei A in das Feld eines Plattenkondensators mit der Geschwindigkeit v_z ein. Es ist zulässig, nur das innere, homogene Feld zu berücksichtigen. Welche Bahnkurve legt das Elektron zurück, wenn an den Platten eine Spannung von 10 V liegt und die Geschwindigkeit $v_z = 6 \cdot 10^6\ \frac{m}{s}$ beträgt? Plattenabstand 5 mm, Plattenlänge 15 mm.

Welchen Weg hat das Elektron bei B in y-Richtung zurückgelegt?

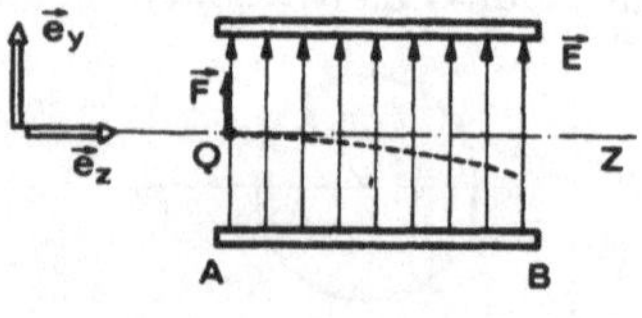

Aufgabe 9.75

Im Inneren eines Plattenkondensators befindet sich ein geschichtetes Dielektrikum (ϵ_{r1}, ϵ_{r2}). Wie groß sind die Feldstärken und die Verschiebungsflußdichten in den einzelnen Gebieten, wenn a) die Schichtung parallel zu den Feldlinien und b) senkrecht zu den Feldlinien verläuft? Die Randeinflüsse können vernachlässigt werden.

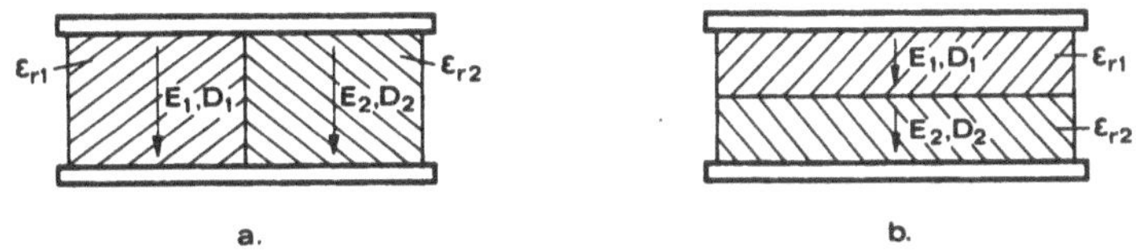

Aufgabe 9.76

Wie verhalten sich die Feldstärken und die Verschiebungsflußdichten in einem geschichteten Dielektrikum, wenn die Schichtung schräg zu den Feldlinien verläuft?

Aufgabe 9.77

Zwei Kondensatoren von 2μF und 6μF werden parallelgeschaltet auf 700 V aufgeladen. Nach dem Aufladen werden die Kondensatoren voneinander getrennt und hintereinander geschaltet. Dabei sollen beide Schaltmöglichkeiten betrachtet werden. Beim Zusammenschalten sollen sich Ladungen ausgleichen können aber das System nicht verlassen können. Wie groß sind die Gesamtspannung der Anordnung, die Teilspannungen und die Ladungen der Kondensatoren?

Aufgabe 9.78

Zwei in Reihe geschaltete Kondensatoren C_1 und C_2 werden auf die Gesamtspannung U aufgeladen. Wie verhalten sich die Teilspannungen, die Teilladungen und die Teilenergien dieser Anordnung?

Lösungen der Aufgaben zum Abschnitt 9

Aufgabe 9.71

Da die Hohlkugel von Luft umgeben ist, gilt $\epsilon_r = 1$. Nach den Gleichungen (9.4) und (9.5) gilt die folgende Beziehung zwischen der Verschiebungsflußdichte und der Ladung Q.

$$\Psi_{el} = \oint^{A} \vec{D}\, d\vec{A} = Q$$

Für das vorliegende Beispiel werden konzentrische Kugeln als Hüllflächen angenommen. Dann sind $\vec{dA}$ und $\vec{D}$ an allen Stellen der Hüllfläche gleichgerichtet. Wegen der gleichmäßigen Ladungsverteilung ist für jede Hüllfläche D = konst.

$$\Psi_{el} = \oint^{A} \vec{D}\, \vec{dA} = \oint^{A} D\, dA = D \oint^{A} dA = D\, 4\pi\, r^2$$

Daraus ergibt sich:

$$D = \frac{Q}{4\pi} \frac{1}{r^2} \qquad E = \frac{Q}{4\pi\, \epsilon_0} \frac{1}{r^2}$$

Für $r > r_0$ umschließt die Hüllfläche die gesamte Ladung Q und es gilt die abgeleitete Beziehung für die Feldstärke.

Für $r < r_0$ umschließt die Hüllfläche keine Ladung. Dann ist E = 0.

Dieses Ergebnis ist bedeutsam, weil es nachweist, daß im Inneren einer geladenen Hohlkugel ein feldfreier Raum vorliegt (Abschirmung).

Aufgabe 9.72

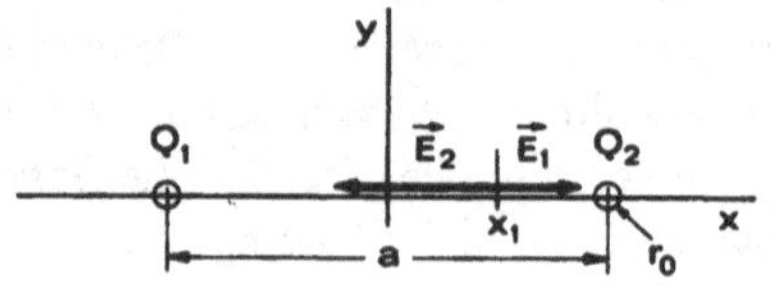

Es wird ein Koordinatensystem wie skizziert in die Verbindungsgerade gelegt. $\vec{e}_x$ ist der Einheitsvektor in x-Richtung.

Die Feldstärke an jeder Stelle x (z. B. x_1) ergibt sich aus der linearen Überlagerung der Felder der beiden geladenen Kugeln.

Die Ladung Q_1 allein verursacht die Feldstärke:

$$\vec{E}_1 = \frac{Q_1}{4\pi\, \epsilon_0 \left(\frac{a}{2} + x\right)^2} \vec{e}_x \qquad \text{für} \quad x > -\left(\frac{a}{2} - r_0\right)$$

$$\vec{E}_1 = -\frac{Q_1}{4\pi\, \epsilon_0 \left(\frac{a}{2} + x\right)^2} \vec{e}_x \qquad \text{für} \quad x < -\left(\frac{a}{2} + r_0\right)$$

Die Ladung Q_2 allein verursacht die Feldstärke:

$$\vec{E}_2 = \frac{Q_2}{4\pi\,\epsilon_0 \left(\frac{a}{2} - x\right)^2}\,\vec{e}_x \qquad \text{für} \quad x > \frac{a}{2} + r_0$$

$$\vec{E}_2 = -\frac{Q_2}{4\pi\,\epsilon_0 \left(\frac{a}{2} - x\right)^2}\,\vec{e}_x \qquad \text{für} \quad x < \frac{a}{2} - r_0$$

Die von beiden Kugeln hervorgerufene Feldstärke:

$$\vec{E} = \vec{E}_1 + \vec{E}_2$$

Für den Fall $Q_1 = +Q$, $Q_2 = -Q$ ergibt sich für die Strecke zwischen den Kugeln:

$$\vec{E} = \frac{Q}{4\pi\,\epsilon_0}\left[\frac{1}{\left(\frac{a}{2} + x\right)^2} + \frac{1}{\left(\frac{a}{2} - x\right)^2}\right]\vec{e}_x \qquad \text{für} - \left(\frac{a}{2} - r_0\right) < x < \frac{a}{2} - r_0$$

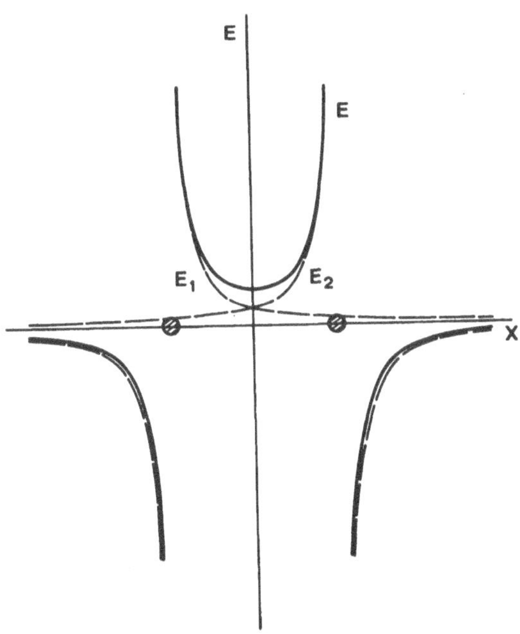

b) Für den Fall $Q_1 = Q_2 = +Q$ ergibt sich für die Strecke zwischen den Kugeln:

$$\vec{E} = \frac{Q}{4\pi\,\epsilon_0}\left[\frac{1}{\left(\frac{a}{2} + x\right)^2} - \frac{1}{\left(\frac{a}{2} - x\right)^2}\right]\vec{e}_x \qquad \text{für} - \left(\frac{a}{2} - r_0\right) < x < \frac{a}{2} - r_0$$

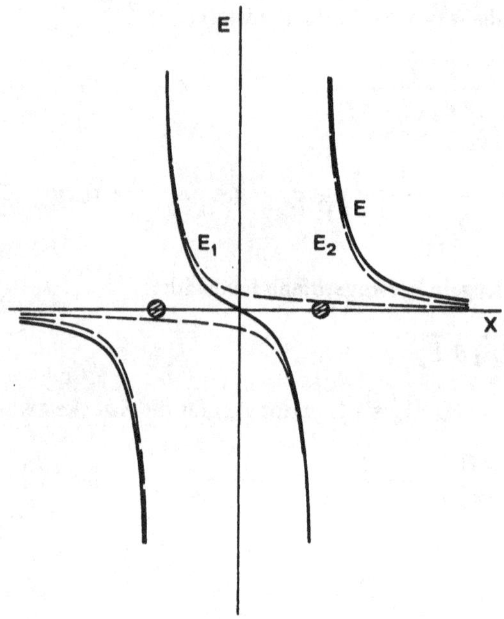

Aufgabe 9.73

Entsprechend der Gleichung (9.10) ist der dem Feld entnommene Energiebetrag bei der Bewegung 1 → 2:

$$W_{12} = Q \int_1^2 \vec{E}\,\vec{ds}$$

Wird mit $\vec{e}_x$ der Einheitsvektor in x-Richtung und mit $\vec{e}_y$ der Einheitsvektor in y-Richtung bezeichnet, so gilt:

$$\vec{ds} = dx\,\vec{e}_x + dy\,\vec{e}_y$$

Da $\vec{E}$ und $\vec{e}_y$ senkrecht aufeinander stehen und E = konst. ist:

$$W_{12} = Q \int_1^2 \vec{E}\,(dx\,\vec{e}_x + dy\,\vec{e}_y) = Q \int_1^2 E\,dx = Q\,E\,(0 - r)$$

$$W_{12} = -\,Q\,E\,r$$

Die entnommene Energie ist negativ, d. h. daß auf dem Weg 1 → 2 Energie in das Feld eingebracht wird. Nach diesen Überlegungen ergeben sich:

$$W_{23} = -\,Q\,E\,r \qquad W_{34} = Q\,E\,r \qquad W_{41} = Q\,E\,r$$

Für die geschlossene Kreisbahn gilt in Übereinstimmung mit (9.12):

$$W = W_{12} + W_{23} + W_{34} + W_{41} = 0$$

Aufgabe 9.74

Auf die Ladung Q wird eine Kraft ausgeübt:

$$\vec{F} = Q\,\vec{E} = Q\,E\,\vec{e}_y$$

$\vec{e}_y$ und $\vec{e}_z$ sind die Einheitsvektoren in y- und in z-Richtung. Wegen der negativen Ladung des Elektrons ist in diesem Fall der Betrag der Kraft negativ und das Elektron wird in Richtung $-\vec{e}_y$ beschleunigt. In z-Richtung ist die Beschleunigung Null. Mit b wird die Beschleunigung bezeichnet:

$$\vec{b}_y = \frac{1}{m}\vec{F} = \frac{QE}{m}\vec{e}_y$$ Masse des Elektrons: m

Plattenabstand: d_y Plattenlänge: d_z

$$\vec{b}_y = \frac{Q}{m\,d_y}U\,\vec{e}_y = \text{konst.}\,\vec{e}_y$$

In y-Richtung liegt eine konstante Beschleunigung vor.

Da sich das Elektron im Feld des Plattenkondensators frei bewegen kann, durchfliegt es eine Parabelbahn. Bei A ist die Geschwindigkeit $V_y = 0$. Deshalb gilt:

$$\vec{v}_y = \vec{b}_y\,t \qquad v_y = b_y\,t = \frac{Q}{m\,d_y}U\,t$$

Da v_z = konst. gilt $d_z = v_z\,t$.

$$v_y = \frac{Q}{m\,d_y}U\frac{d_z}{v_z} = \frac{Q\,d_z}{m\,v_z\,d_y}U$$

Für das Elektron ist:

$$Q = -1{,}602 \cdot 10^{-19}\ \text{As}$$
$$m = 9{,}109 \cdot 10^{-28}\ \text{g}$$

Daraus ergibt sich:

$$v_y = -0{,}879 \cdot 10^{6}\ \frac{\text{m}}{\text{s}}$$

Am Ende der Platten (bei B) hat das Elektron den Weg s_y in y-Richtung zurückgelegt:

$$s_y = \frac{1}{2} b_y t^2 \qquad \text{mit } t = \frac{d_z}{v_z}$$

$$s_y = \frac{1}{2} v_y \frac{d_z}{v_z} \qquad s_y = -1{,}10 \cdot 10^{-3}\ \text{m}$$

Wird in diese Gleichung für v_y die oben abgeleitete Beziehung eingesetzt, so zeigt sich, daß s_y der Spannung zwischen den Platten direkt proportional ist.

Aufgabe 9.75

a) Die Trennschicht verläuft parallel zu den Feldlinien. Die Feldstärke ist in beiden Stoffen gleich:

$$E_1 = E_2$$

Mit der Beziehung (9.6) folgt daraus:

$$\frac{D_1}{D_2} = \frac{\epsilon_{r1}}{\epsilon_{r2}}$$

Bei parallelgerichteter Schichtung des Dielektrikums verhalten sich die Verschiebungsflußdichten wie die Dielektrizitätskonstanten.

b) Die Trennschicht verläuft senkrecht zu den Feldlinien. Die Ladungsmengen auf den Platten sind gleich groß und die Ladungen gleichmäßig verteilt. Dann folgt:

$$D_1 = D_2$$

Und mit (9.6):

$$\frac{E_1}{E_2} = \frac{\epsilon_{r2}}{\epsilon_{r1}}$$

Bei quergerichteter Schichtung verhalten sich die Feldstärken umgekehrt wie die Dielektrizitätskonstanten. Im Material mit der kleineren Dielektrizitätskonstanten tritt die höhere Feldstärke auf.

Aufgabe 9.76

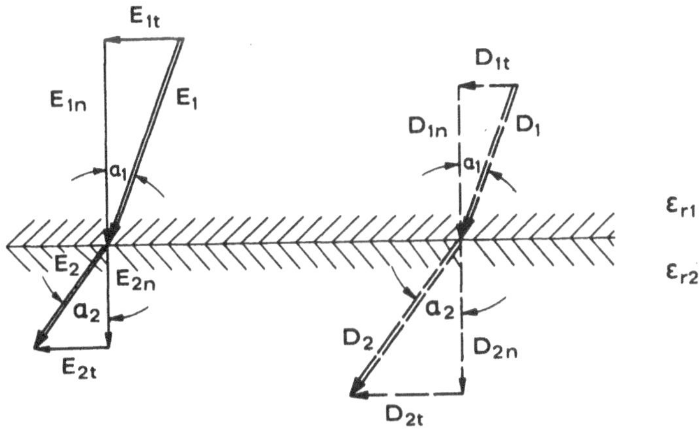

Die Stoffkonstanten in den beiden Materialien sind ϵ_{r1} und ϵ_{r2}.

Die Feldstärken und die Verschiebungsflußdichten werden in die Normal- und Tangentialkomponenten zerlegt (Indizes n und t).

Für die Normalkomponenten liegt eine quergerichtete Schichtung vor (Aufgabe 9.75):

$$D_{1n} = D_{2n} \qquad \frac{E_{1n}}{E_{2n}} = \frac{\epsilon_{r2}}{\epsilon_{r1}}$$

Für die Tangentialkomponenten liegt eine parallelgerichtete Schichtung vor (Aufgabe 9.75):

$$E_{1t} = E_{2t} \qquad \frac{D_{1t}}{D_{2t}} = \frac{\epsilon_{r1}}{\epsilon_{r2}}$$

Daraus folgt für die Beträge von Feldstärke und Verschiebungsflußdichte in den beiden Gebieten des Dielektrikums, sowie für die Winkel α_1 und α_2, die diese Größen mit der Normalen der Trennfläche bilden:

$$\tan\alpha_1 = \frac{E_{1t}}{E_{1n}} \qquad \tan\alpha_2 = \frac{E_{2t}}{E_{2n}} \qquad \frac{\tan\alpha_1}{\tan\alpha_2} = \frac{E_{2n}}{E_{1n}}$$

$$\tan\alpha_1 = \frac{D_{1t}}{D_{1n}} \qquad \tan\alpha_2 = \frac{D_{2t}}{D_{2n}} \qquad \frac{\tan\alpha_1}{\tan\alpha_2} = \frac{D_{1t}}{D_{2t}}$$

Hieraus folgt für die Winkel α_1 und α_2

$$\frac{\tan\alpha_1}{\tan\alpha_2} = \frac{\epsilon_{r1}}{\epsilon_{r2}}$$

Für die Beiträge von Feldstärke und Verschiebungsflußdichte

$$E_{1t} = E_1 \sin\alpha_1 \qquad \frac{E_1}{E_2} = \frac{\sin\alpha_2}{\sin\alpha_1}$$

$$E_{2t} = E_2 \sin\alpha_2$$

$$D_{1n} = D_1 \cos\alpha_1$$

$$D_{2n} = D_2 \cos\alpha_2 \qquad \frac{D_1}{D_2} = \frac{\cos\alpha_2}{\cos\alpha_1}$$

Aufgabe 9.77

Die Kondensatoren werden mit C_1 und C_2 bezeichnet. Für die Parallelschaltung gilt:

Spannung: $U_1 = U_2 = U = 700$ V

Ladung: $Q_1 = C_1 U = 1{,}4 \cdot 10^{-3}$ As

$Q_2 = C_2 U = 4{,}2 \cdot 10^{-3}$ As

Energie: $W_1 = \frac{1}{2} Q_1 U = 0.49$ Ws

$W_2 = \frac{1}{2} Q_2 U = 1{,}47$ Ws

Gesamtenergie: $W_{ges} = W_1 + W_2 = 1{,}96$ Ws

In der Reihenschaltung werden die Größen durch ′ gekennzeichnet.

Schaltmöglichkeit a):

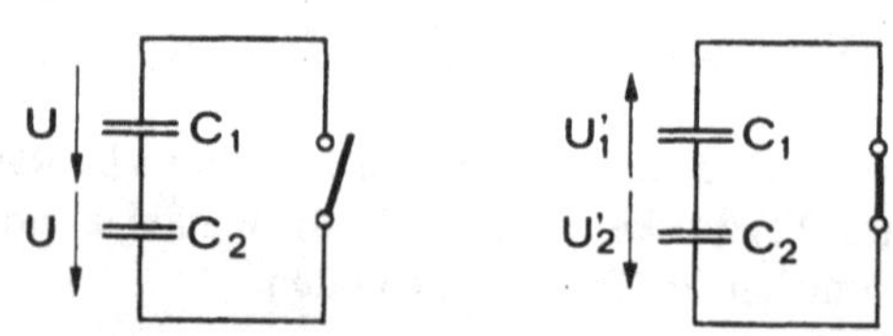

Nach dem Zusammenschalten gilt:

$$Q'_{ges} = Q_2 - Q_1$$

$$U'_1 = U'_2 = U'$$

Mit den Zahlenwerten: $Q'_{ges} = 2{,}8 \cdot 10^{-3}$ As

Gesamtspannung: $Q'_{ges} = C_1 U'_1 + C_2 U'_2 = U' (C_1 + C_2)$

$U' = 350$ V

Ladung:	$Q_1' = C_1 U' = 0{,}7 \cdot 10^{-3}$ As
	$Q_2' = C_2 U' = 2{,}1 \cdot 10^{-3}$ As
Energie:	$W_1' = \frac{1}{2} Q_1' U' = 0{,}12$ Ws
	$W_2' = \frac{1}{2} Q_2' U' = 0{,}37$ Ws
Gesamtenergie:	$W_{ges}' = W_1' + W_2' = 0{,}49$ Ws

Die Energiedifferenz $W_{ges} - W_{ges}'$ wird beim Ausgleich je nach der Ausgleichsgeschwindigkeit in Zwischengliedern (Schalter, Leitungen) umgesetzt oder abgestrahlt.

Schaltmöglichkeit b):

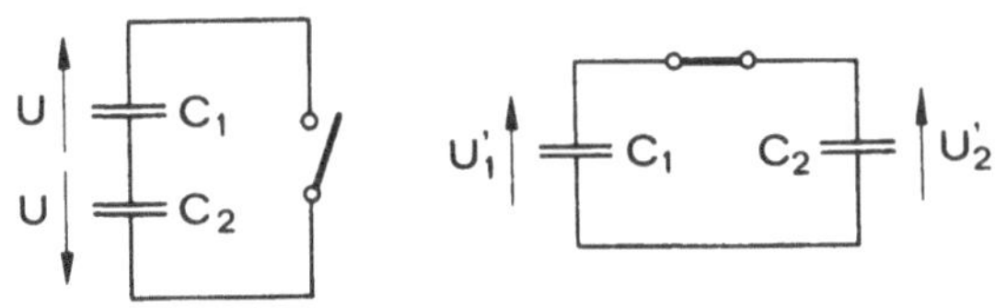

Bei dieser Zusammenschaltung tritt keine Änderung gegenüber dem Ausgangszustand auf. Es ändern sich die Ladungen der Kondensatoren nicht.

Aufgabe 9.78

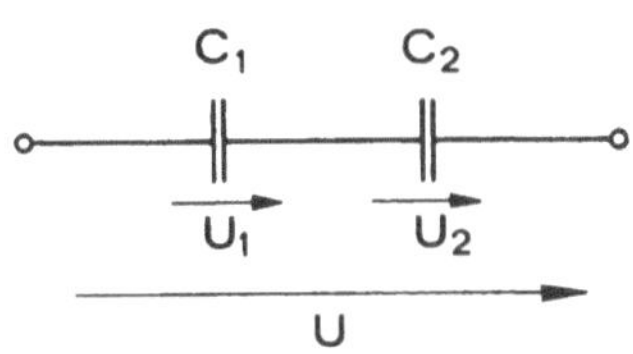

Beide Kondensatoren werden während derselben Zeit von einem Strom durchflossen:

$$Q_1 = Q_2 = Q_{ges}$$

$$C_1 U_1 = C_2 U_2 = C_{ers} U$$

Für das Verhältnis der Spannungen gilt:

$$\frac{U_1}{U_2} = \frac{C_2}{C_1} \qquad \frac{U_1}{U} = \frac{C_{ers}}{C_1}$$

Für das Verhältnis der Teilenergien gilt:

$$W_1 = \frac{1}{2} C_1 U_1^2 \qquad W_2 = \frac{1}{2} C_2 U_2^2$$

$$\frac{W_1}{W_2} = \frac{C_2}{C_1} = \frac{U_1}{U_2}$$

10. Magnetisches Feld

Schon im Altertum war bekannt, daß bestimmte eisenhaltige Stoffe eine Kraft auf andere eisenhaltige Stoffe ausüben. Im vergangenen Jahrhundert wurde nachgewiesen, daß von bewegten elektrischen Ladungen eine Kraftwirkung auf andere bewegte elektrische Ladungen und auf eisenhaltige Stoffe ausgeht. Der Teil des Raumes, in dem diese Kraftwirkungen nachzuweisen sind, befindet sich in einem besonderen physikalischen Zustand. Dieser wird **magnetisches Feld** genannt. Das von eisenhaltigen Stoffen ausgehende magnetische Feld ist ein Spezialfall, der hier nicht näher untersucht werden soll.

10.1 Feldgrößen

Zur Einführung der Feldgrößen wird das Ergebnis eines Versuches herangezogen. In Analogie zur Kraftwirkung auf eine ruhende Ladung im elektrostatischen Feld

$$\vec{F} = Q\,\vec{E}$$

wird die Kraftwirkung auf bewegte Ladungen im Magnetfeld beobachtet. Dazu wird die im Bild 10.1 gezeigte Anordnung verwendet. Bewegte Ladungen sind hierbei durch einen stromdurchflossenen Leiter dargestellt.

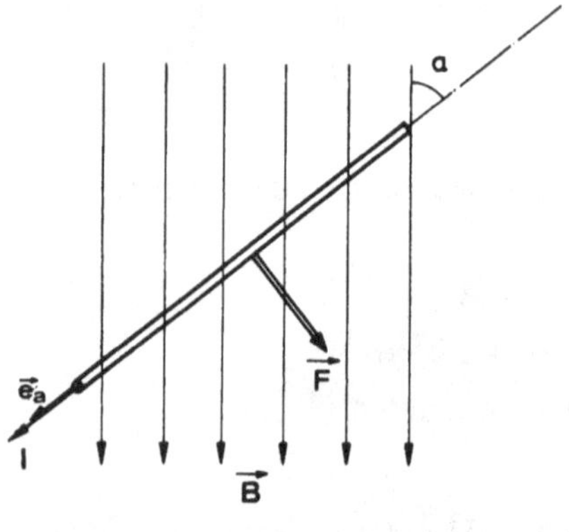

Bild 10.1 Kraftwirkung auf einen stromdurchflossenen Leiter im Magnetfeld

Die experimentelle Erfahrung zeigt, daß ein stromdurchflossener Leiter im Magnetfeld eine Kraftwirkung erfährt. Das Bild 10.1 zeigt schematisch dieses Experiment. Ein Stück eines geraden Leiters der Länge l, in dem der Strom I fließt, befindet sich in einem homogenen Magnetfeld. Dieses soll durch den Vektor $\vec{B}$ beschrieben werden. Er wird aus der Kraftwirkung erklärt.

Im Bild 10.1 ist die auf den Leiter wirkende Kraft $\vec{F}$ eingezeichnet.

Da mit diesem Experiment der physikalische Vorgang der Induktion gezeigt wird, wird die mit seiner Hilfe eingeführte Feldgröße $\vec{B}$ ebenfalls Induktion genannt.

Das Ergebnis des Experimentes hinsichtlich des Betrages der Kraft lautet:

$$|\vec{F}| = I\, l\, B \sin\alpha \tag{10.1}$$

Wird die Richtung des Stromes im Raum, die durch die Achsrichtung des geraden Leiters gegeben ist, durch den Vektor $\vec{e}_a$ gekennzeichnet, so ergibt sich die Kraftrichtung senkrecht sowohl zu $\vec{B}$ als auch zu $\vec{e}_a$. Dieses Ergebnis läßt sich in folgender Vektorgleichung darstellen:

$$\vec{F} = (I\, l\, \vec{e}_a) \times \vec{B} \tag{10.2}$$

Die Vektoren $\vec{F}$, $(I\, l\, \vec{e}_a)$ und $\vec{B}$ sind drei Vektoren, die aufeinander senkrecht stehen. Sie bilden ein Rechtssystem. Die Richtung von $\vec{F}$ ergibt sich als die Bewegungsrichtung einer rechtsgängigen Schraube, wenn der Vektor $(I\, l\, \vec{e}_a)$ auf dem kürzesten Weg in die Lage von $\vec{B}$ gedreht wird.

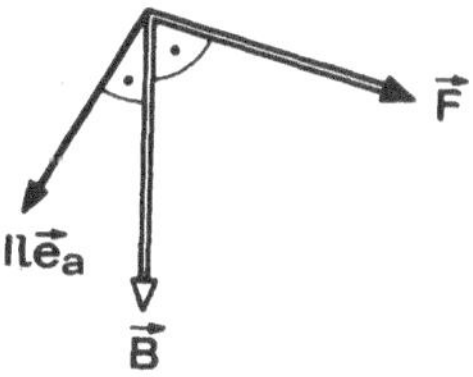

Bild 10.2 Vektorgrößen im Magnetfeld
$\vec{B}$ Vektor zur Beschreibung des magnetischen Feldes (Induktion)
$\vec{e}_a$ Einheitsvektor in Achsrichtung
$\vec{F}$ Kraft

Es soll jetzt in der Gleichung (10.2) der Strom I im Leiter der Länge l ausgedrückt werden durch die Ladungsmenge. Der Strom ist die Ableitung der Ladung nach der Zeit

$$i = \frac{dq}{dt}.$$

Wird ds als Bezeichnung für ein Wegelement in Achsrichtung verwendet, dann läßt sich die Geschwindigkeit, mit der sich die Ladungsträger im Leiter bewegen, ausdrücken durch

$$v = \frac{ds}{dt} \tag{10.3}$$

Damit kann geschrieben werden:

$$i\, ds = dq\, v$$

Wird anstelle des Wegelements ds die Gesamtlänge l des Leiters betrachtet und der konstante Strom im Leiter berücksichtigt, so gilt:

$$I\,l = Q\,v \tag{10.4}$$

Hierin bezeichnet Q eine Ladungsmenge mit konstanter Raumladungsdichte, die sich mit konstanter Geschwindigkeit v bewegt.

Die Richtung der Bewegung läßt sich mit Hilfe des Einheitsvektors in Achsrichtung $\vec{e}_a$ beschreiben:

$$I\,l\,\vec{e}_a = Q\,v\,\vec{e}_a = Q\,\vec{v} \tag{10.5}$$

Damit kann das Ergebnis des Experimentes, das zunächst in Gleichung (10.2) dargestellt wurde, in zweifacher Weise formuliert werden:

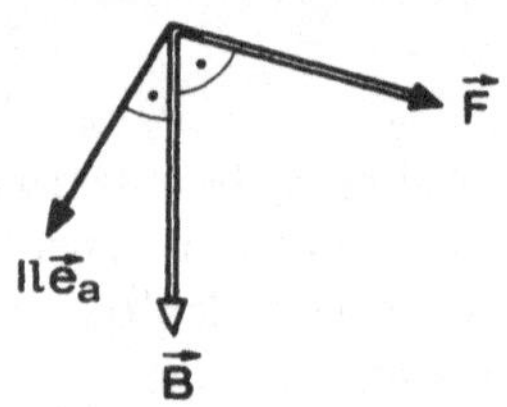

$$\vec{F} = (I\,l\,\vec{e}_a) \times \vec{B} \tag{10.6}$$

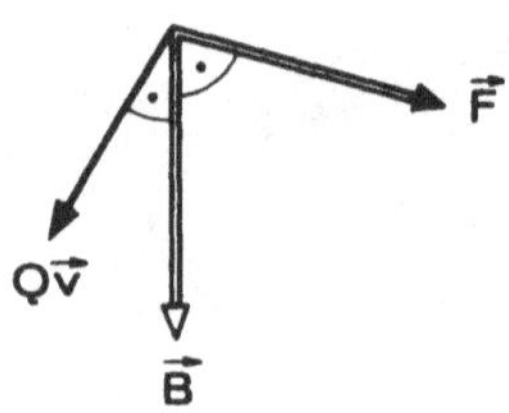

$$\vec{F} = (Q\,\vec{v}) \times \vec{B} \tag{10.7}$$

Bild 10.3 Vektorgrößen im Magnetfeld

Die Gleichung (10.6) beschreibt die Kraftwirkung auf einen von einem zeitlich konstanten Strom I durchflossenen Leiter der Länge l im Magnetfeld.

Die Gleichung (10.7) beschreibt die Kraftwirkung auf eine mit konstanter Geschwindigkeit v bewegte Ladungsmenge Q im Magnetfeld.

Mit Hilfe der Gleichung (10.7) läßt sich Betrag und Richtung der Größe $\vec{B}$ aus den Bedingungen und Ergebnissen des im Bild 10.1 dargestellten Experimentes bestimmen.

Die mit (10.7) zur Beschreibung des magnetischen Feldes definierte Größe $\vec{B}$ heißt **magnetische Induktion** oder **Magnetflußdichte**. Die erste Bezeichnung folgt aus der Bezeichnung des physikalischen Vorgangs, der in diesem Experiment genutzt wird. Er wird mit „Induktion" bezeichnet. Es ist zu beachten, daß dieses Wort sowohl den physikalischen Vorgang als auch die Feldgröße $\vec{B}$ bezeichnen kann. Die zweite Bezeichnung wird später verständlich.

Die Einheit der magnetischen Induktion B folgt aus (10.7) zu $\frac{\mathrm{Vs}}{\mathrm{m}^2}$.

Einheit der Induktion: T (Tesla) $1\,T = 1\,\frac{Vs}{m^2}$.

Zur Definition der zweiten Feldgröße des Magnetfeldes wird das Gesetz von Biot-Savart (10.8) verwendet. Es stellt die Verknüpfung zwischen dieser Feldgröße und dem das Magnetfeld erregenden Strom dar. Deshalb wird diese Feldgröße mit **magnetischer Erregung** $\vec{H}$ bezeichnet. Aus historischen Gründen wird sie auch magnetische Feldstärke genannt. (Nach (10.7) käme diese Bezeichnung besser der Größe $\vec{B}$ zu.)

Die Beziehung (10.8) sagt etwas über die magnetische Erregung oder Feldstärke in einem bestimmten Punkt P des Raumes aus, die von einem Strom ausgeht.

Im Abstand r vom Punkt P sei ein vom Strom I durchflossener Leiter vorhanden. Dann bringt das Leiterelement $\vec{ds}$ im Punkt P die magnetische Feldstärke $\vec{dH}$ hervor.

$$\vec{dH} = \frac{1}{4\pi}\, I\, \frac{1}{r^2}\, (\vec{ds} \times \frac{\vec{r}}{r}) \qquad (10.8)$$

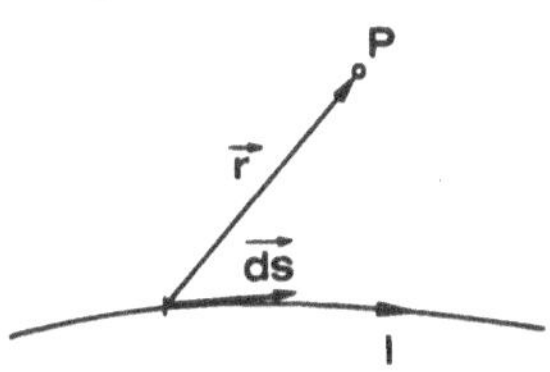

Bild 10.4 Zum Gesetz von Biot-Savart

Der **Durchflutungssatz** (10.9) verwertet weitere experimentelle Ergebnisse. Er ist für die praktische Anwendung besser als (10.8) geeignet.

$$\oint^{C} \vec{H}\, \vec{ds} = \Sigma\, I \qquad (10.9)$$

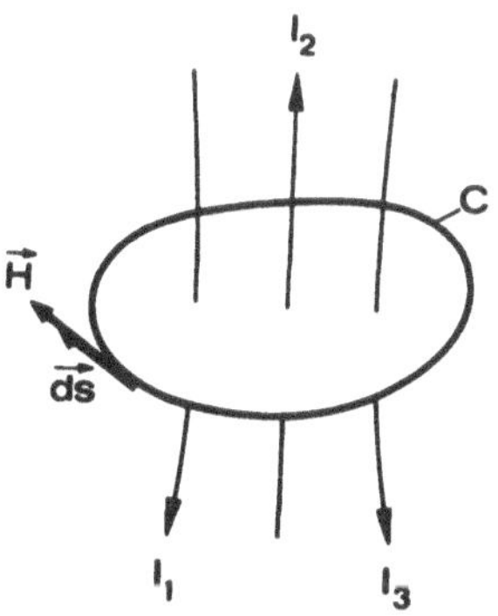

Bild 10.5 Zum Durchflutungssatz

Die Gleichung (10.9) sagt aus, daß das entlang einer geschlossenen Kurve C gebildete Linienintegral des Produktes $\vec{H}\,\vec{ds}$ gleich der Summe der von der Kurve C umfaßten Ströme ist. Sie verknüpft somit ebenfalls die magnetische

Feldstärke mit dem erregenden Strom. Diese Definition der magnetischen Feldstärke zeigt, daß die Feldlinien des magnetischen Feldes in sich geschlossen sind.

Aus der Gleichung (10.9) ergibt sich auch die Einheit der magnetischen Feldstärke: $\frac{A}{m}$.

Die Richtungszuordnung der magnetischen Feldstärke zur Stromsumme ist die einer rechtsgängigen Schraube.

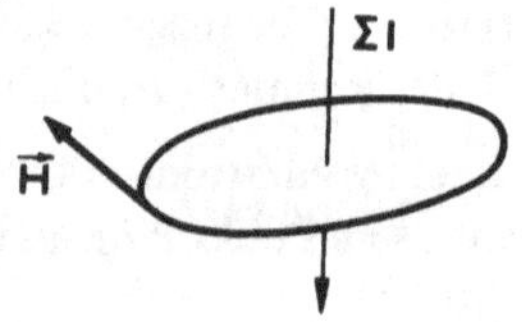

Bild 10.6 Richtungszuordnung zwischen magnetischer Feldstärke und Stromsumme

Bei einer Spule wird derselbe Strom mehrfach durch die von der Kurve C umrandete Fläche geführt. Dann ergibt sich die Stromsumme mit Hilfe der Windungszahl N zu:

$$\Sigma I = N I \tag{10.10}$$

Das Bild 10.7 zeigt eine Spule mit der Windungszahl 4.

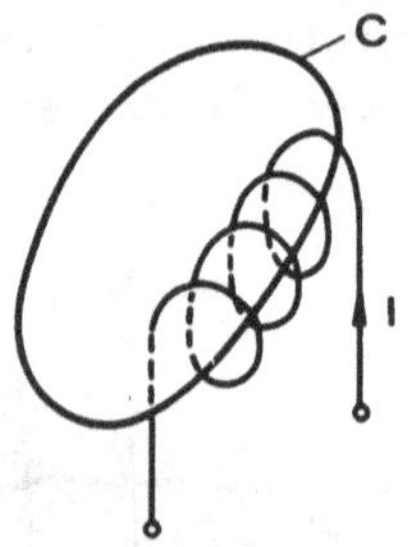

Bild 10.7 Anwendung des Durchflutungssatzes bei einer Spule

Im folgenden soll gezeigt werden, daß die mit (10.11) zunächst formal gebildete Größe Φ eine physikalische Bedeutung hat.

$$\int^{A} \vec{B}\, d\vec{A} = \Phi \tag{10.11}$$

Diese Beziehung beschreibt, wie die Feldgröße $\vec{B}$ in einer endlich ausgedehnten Fläche A zu behandeln ist. (Abschn. 14.3 im Anhang.) Für jedes Flächenelement $d\vec{A}$ ist das Produkt $(\vec{B}\, d\vec{A})$ zu bilden und diese Produkte über A zu summieren.

Die so entstandene Größe erhält die Bezeichnung Φ. Da für die Definition von $\vec{B}$ die Kraftwirkung auf einen stromdurchflossenen Leiter verwendet wurde, kann auch Φ durch eine Kraftwirkung nachgewiesen werden.

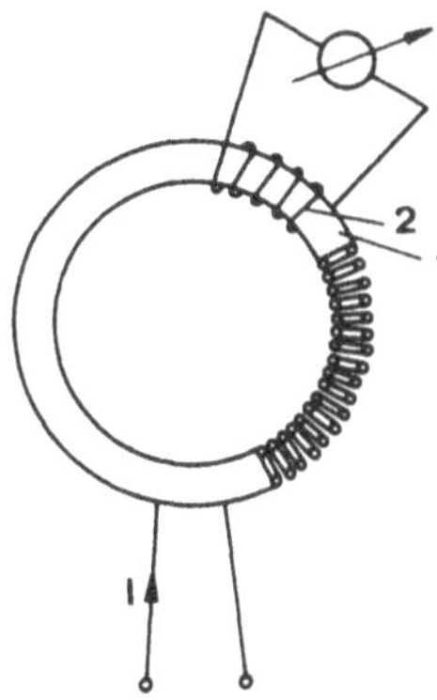

Bild 10.8 Spule zur Erklärung der mit (10.11) eingeführten Größe Φ (Magnetischer Fluß)

Das Bild 10.8 zeigt eine symmetrisch bewickelte Kreisringspule 1, wie sie technisch oft angewendet wird. Der Strom in der Spule 1 erregt ein magnetisches Feld, das durch $\vec{B}$ oder, da in der Spule eine definierte Spulenfläche vorliegt, auch durch Φ beschrieben werden kann. Es verläuft bei dieser Kreisringspule praktisch vollständig im Inneren.

Es soll angenommen werden, daß mit Hilfe der Spule 2 und dem angeschlossenen Instrument die Größe Φ nachgewiesen werden kann. Mit dieser Anordnung werden folgende experimentelle Ergebnisse erzielt:

> Bei gleicher Erregung aber unterschiedlichen Materialien für das Innere verschiedener Kreisringspulen ergeben sich unterschiedliche Werte für die Größe Φ.
>
> Die Größe Φ hat im Inneren einer Kreisringspule an jeder Stelle des Umfangs denselben Wert. Dies gilt insbesondere auch dann, wenn entlang der Spulenachse unterschiedliche Materialien vorhanden sind.

Besonders das letzte Ergebnis weist die Größe Φ als eine Größe von Flußcharakter aus. Sie wird deshalb **magnetischer Fluß** genannt. Entsprechend (10.11) kann dann die Größe $\vec{B}$ die Bezeichnung Magnetflußdichte erhalten.

Die Ergebnisse des Experimentes mit der Spule nach Bild 10.8 sollen noch einmal, jetzt unter Verwendung der Bezeichnung Magnetfluß, wiederholt werden.

> Bei gleicher Erregung und unterschiedlichen Materialien im Inneren der Kreisringspule ergeben sich unterschiedliche magnetische Flüsse.

Der magnetische Fluß im Inneren der Kreisringspule ist an jeder Stelle des Umfangs derselbe. Dies gilt insbesondere auch dann, wenn entlang der Spulenachse unterschiedliche Materialien vorhanden sind.

Eine weitere Folgerung dieses Experimentes ist die Erkenntnis, daß die Magnetflußlinien in sich geschlossen sind. Das bedeutet zugleich, daß es keine kleinsten Magnetteilchen unterschiedlicher Polarität gibt, die der Elementarladung im elektrischen Feld entsprechen würden.

Die Richtung des Magnetflusses wird positiv gezählt, wenn sie vom Nord- zum Südpol verläuft. Diese Richtungsbezeichnung ist dem magnetischen Feld der Erde entnommen.

Einheit des Magnetflusses: Wb (Weber) 1 Wb = 1 Vs

In der Tab. 10.1 sind die wichtigsten Analogien zwischen den Feldgrößen des elektrostatischen und des magnetischen Feldes zusammengestellt.

	Elektrostatisches Feld	Magnetisches Feld
Aus der Kraftwirkung abgeleitete Feldgröße (Grundexperiment)	$\vec{F} = Q\vec{E}$ $\vec{E}$ elektrische Feldstärke	$\vec{F} = (Q\vec{v}) \times \vec{B}$ $\vec{B}$ magnetische Induktion (oder Magnetflußdichte)
Aus der Feldursache abgeleitete Feldgröße (Beziehungen nach Experimenten)	$\int^{A} \vec{D}\,d\vec{A} = Q$ $\vec{D}$ elektrische Erregung (oder Verschiebungsflußdichte) Feldursache: Ladung Q	$\oint^{C} \vec{H}\,d\vec{s} = \Sigma I$ $\vec{H}$ magnetische Erregung (oder historisch bedingt magnetische Feldstärke) Feldursache: bewegte Ladungen ΣI
Integrale Feldgrößen (Definitionsgleichungen)	$\int^{A} \vec{D}\,d\vec{A} = \Psi_{el}$ Ψ_{el} elektrischer Verschiebungsfluß	$\int^{A} \vec{B}\,d\vec{A} = \Phi$ Φ magnetischer Fluß

Tab. 10.1 Analogien zwischen den Größen des elektrostatischen und des magnetischen Feldes

10.2 Einfluß der Materialeigenschaften im magnetischen Feld

Die magnetische Induktion (oder magnetische Flußdichte) $\vec{B}$ und die magnetische Erregung (oder magnetische Feldstärke) $\vec{H}$ sind über einen Faktor miteinander verknüpft, der die Materialeigenschaften berücksichtigt. Er heißt Permeabilitätsfaktor μ:

$$\vec{B} = \mu\vec{H} \tag{10.12}$$

Der Permeabilitätsfaktor μ kann ortsabhängig oder ortsunabhängig sein (inhomogene oder homogene Stoffe).

Ferner kann der Permeabilitätsfaktor μ richtungsabhängig oder nicht von der Richtung abhängig sein. Im ersteren Fall liegt isotropes, im letzteren Fall anisotropes Material in Bezug auf die magnetischen Eigenschaften vor.

Der Permeabilitätsfaktor μ kann von der Feldstärke abhängen oder konstant sein. Nur im letzteren Fall sollte dieser Faktor Permeabilitätskonstante genannt werden.

Für den praktischen Gebrauch wird geschrieben:

$$\mu = \mu_0 \mu_r \tag{10.13}$$

Hierin ist μ_0 die Permeabilitätskonstante des Vakuums, μ_r ein Faktor, der die Stoffeigenschaften berücksichtigt und auch als relativer Permeabilitätsfaktor bezeichnet wird.

$$\mu_0 = 1{,}256 \cdot 10^{-6} \frac{\mathrm{Vs}}{\mathrm{Am}} \tag{10.14}$$

Für die meisten technischen Anwendungen genügt die Aussage, daß bei allen Stoffen mit Ausnahme der Gruppe der **ferromagnetischen Stoffe** die relative Permeabilitätskonstante angenähert den Wert Eins hat, $\mu_r \approx 1$.

In der Gruppe der ferromagnetischen Stoffe werden Eisen, Kobalt, Nickel und alle ihre Legierungen zusammengefaßt. Sie hat in der technischen Anwendung eine besondere Bedeutung.

Bei diesen Stoffen ist $\mu_r \gg 1$ und außerdem eine Funktion der Feldstärke. Das Prinzip dieser Abhängigkeit zeigt das Bild 10.9.

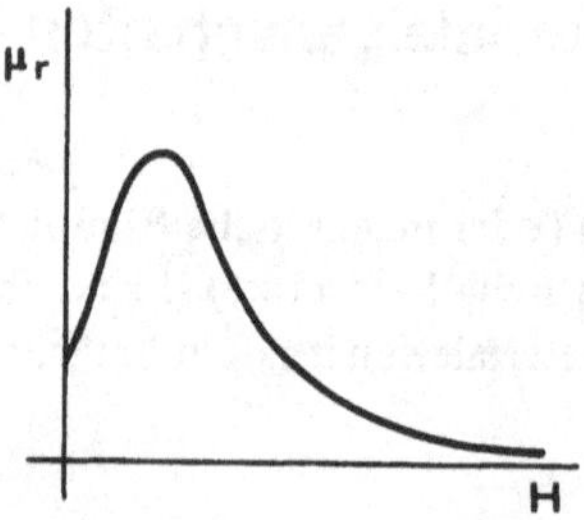

Bild 10.9 Relativer Permeabilitätsfaktor μ_r eines ferromagnetischen Stoffes als Funktion der Feldstärke H

Für die praktische Anwendung ferromagnetischer Stoffe wird nun nicht die Kurve nach Bild 10.9 ausgenutzt, sondern im allgemeinen die Beziehung B = f(H). Das Bild 10.10 zeigt diesen Zusammenhang für einen ferromagnetischen

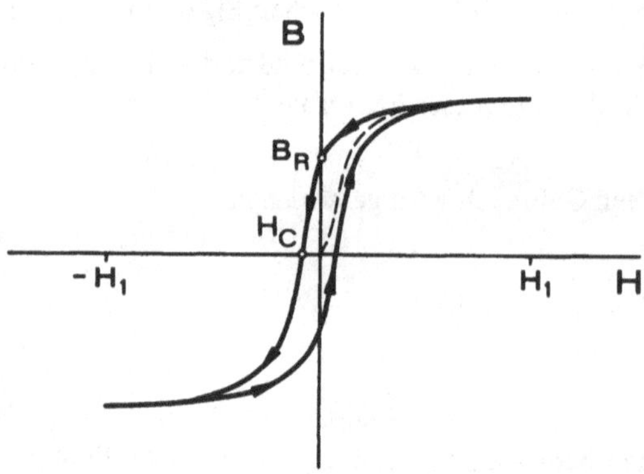

Bild 10.10 Induktion als Funktion der magnetischen Feldstärke bei einem ferromagnetischen Stoff

Stoff, wenn die Feldstärke von einem Wert $-H_1$ nach $+H_1$ und wieder nach $-H_1$ langsam geändert wird. Es zeigt sich zunächst, daß sich ein anderer Kurvenverlauf ergibt, wenn die Änderung von $-H_1$ nach $+H_1$ erfolgt (rechter Ast der Kurve), als wenn von $+H_1$ nach $-H_1$ geändert wird (linker Ast der Kurve). Dieser Effekt wird mit **Hysterese-Effekt** bezeichnet. Deshalb wird der in Bild 10.10 dargestellte Zusammenhang B = f(H) auch Hysteresekurve genannt. Weiter ist dem Bild 10.10 zu entnehmen, daß sich im Gebiet kleiner Feldstärken die Induktion stark ändert, daß aber ab einer gewissen Feldstärke sich die Induktion nur noch wenig ändert. Dieses ist ein Effekt der **Sättigung**. Diese beiden Effekte mit der Eigenschaft $\mu_r \gg 1$ kennzeichnen das Verhalten ferromagnetischer Stoffe.

Der Hysterese-Effekt beschreibt auch die Eigenschaft der **Remanenz** bei ferromagnetischen Stoffen. Darunter wird verstanden, daß im Material eine Induktion zurückbleibt, wenn es einer Feldstärke ausgesetzt wurde (z. B. mit dem Wert H_1) und diese dann abgeschaltet wird. Für das Material des Bildes 10.10 bleibt dann als remanente Induktion der Wert B_R zurück. Um den Wert B_R verschwinden zu lassen, ist in diesem Fall eine Feldstärke H_C aufzubringen. Diese wird Koerzitiv-Feldstärke genannt. Den Verlauf $B = f(H)$ für magnetisch neutrales Material zeigt die gestrichelt gezeichnete Kurve des Bildes 10.10. Diese heißt **Neukurve**. Bereits magnetisierter Werkstoff kann nur durch den Vorgang des Entmagnetisierens wieder in den neutralen Zustand gebracht werden. Entmagnetisiert wird das Material dadurch, daß zwischen positiven und negativen Feldstärkewerten hin- und hergeschaltet wird, wobei der Wert der Feldstärke allmählich auf den Wert Null gebracht wird.

Neben den Werkstoffeigenschaften, wie Stoffzusammensetzung und Probeabmessungen hängt die Hysteresekurve stark von der Ummagnetisierungsgeschwindigkeit und dem mechanischen Spannungszustand ab.

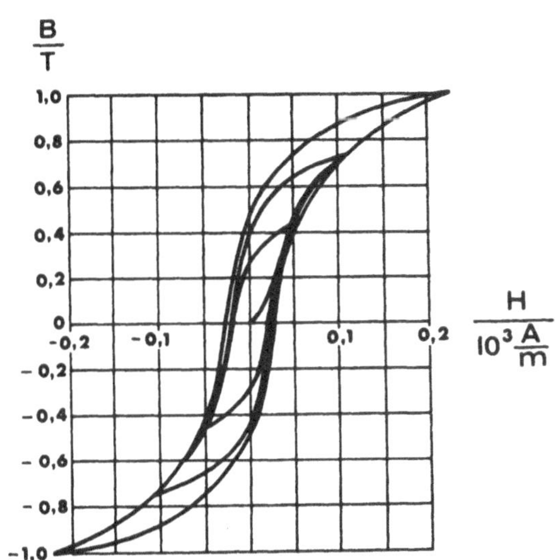

Bild 10.11 Hysteresekurven bei verschiedenen Maximalinduktionen (Dynamoblech IV)

In Bild 10.11 sind Hysteresekurven eines bestimmten magnetischen Werkstoffes bei verschiedenen Maximalinduktionen aufgezeichnet. Die Kurve, auf der alle Endpunkte der Hystereseschleifen liegen, heißt **Kommutierungskurve**. Diese Kurve wird angewendet, wenn von ferromagnetischen Werkstoffen nur die Eigenschaft der Sättigung beschrieben werden soll, nicht jedoch der Hysterese-Effekt. Im Bild 10.12 ist diese Kurve für einen viel verwendeten Werkstoff – Dynamoblech IV – angegeben.

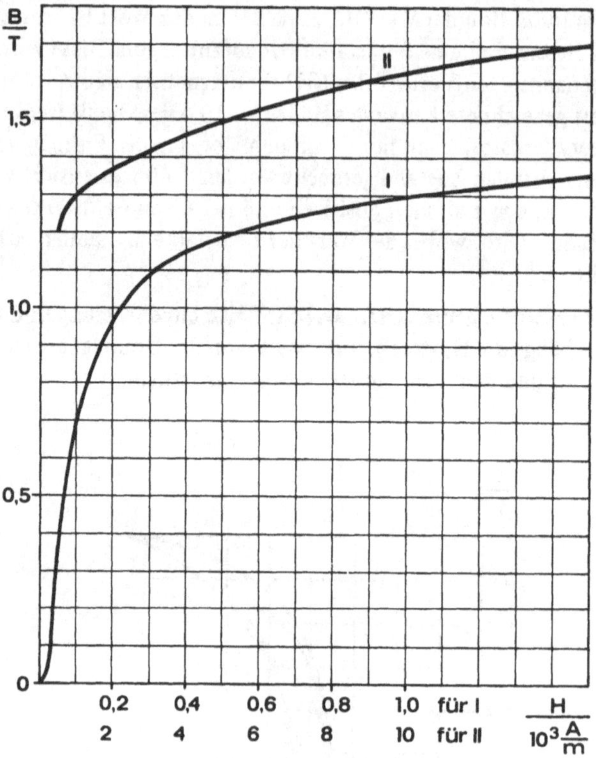

Bild 10.12 Gleichstrom-Kommutierungskurve für Stanzkerne, 0,35 dick, aus Dynamoblech IV

10.3 Magnetischer Kreis

Technisch genutzt wird das magnetische Feld meist in einer Kombination ferromagnetischer Stoffe und Luft. Die ferromagnetischen Stoffe dienen dann der Führung des magnetischen Flusses von einer Erregungsstelle (Spule) zu einer Stelle, wo der Magnetfluß in Luft verläuft. An dieser Stelle kann dann die Kraftwirkung auf einen stromdurchflossenen Leiter ausgenutzt werden. Eine solche technische Einrichtung wird **magnetischer Kreis** genannt und ist im Bild 10.13 gezeigt.

Die Spule hat eine Windungszahl N und wird von einem Strom I durchflossen. Seine Richtung wird im Schnittbild der Spule durch Kreuze (Strom tritt in die Schnittebene ein) und Punkte (Strom kommt aus der Schnittebene heraus)

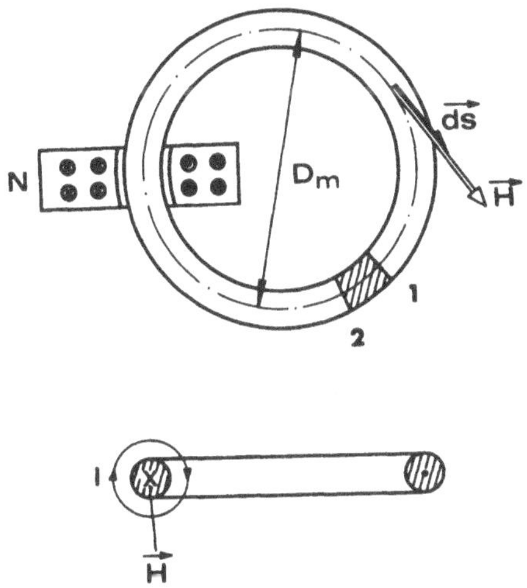

Bild 10.13 Beispiel eines magnetischen Kreises

gekennzeichnet. Der Ringkern der Spule besteht aus zwei unterschiedlichen Stoffen, der große Bogen von 1 nach 2 aus ferromagnetischem Stoff, der schraffierte Bogen von 2 nach 1 sei Luft.

Die Querschnittsabmessungen des Ringkerns seien wesentlich kleiner als der mittlere Durchmesser D_m. Die Fläche des Ringkerns sei A. In jedem Bogenteil ist das Material homogen.

Wie im Abschn. 10.2 beschrieben wurde, ist in allen Querschnitten des magnetischen Kreises derselbe Fluß vorhanden. Dabei wird angenommen, daß kein Magnetfluß aus dem Ringkern austritt.

$$\int^{A} \vec{B}\, d\vec{A} = \Phi = \text{konst.} \tag{10.15}$$

Im vorliegenden Beispiel sind $\vec{H}$ und $\vec{ds}$ gleichgerichtet, so daß sich hierfür der Durchflutungssatz schreiben läßt:

$$\oint^{C} \vec{H}\, d\vec{s} = \oint^{C} H\, ds = N\, I \tag{10.16}$$

Da angenommen wurde, daß die Querschnittsabmessungen klein gegenüber dem Durchmesser D_m sind, kann mit einer mittleren Feldstärke im Kern gerechnet werden. Die Integration erfolgt entlang der Spulenachse. Diese hat den Umfang $l_m = \pi\, D_m$.

Die Annahme der mittleren Feldstärke führt bei dem abschnittsweise homogenen Material zu einer gleichmäßigen Verteilung der Flußdichte über den Querschnitt. Die Gleichung (10.15) kann dann geschrieben werden:

$$\Phi = B\, A \tag{10.17}$$

Da in den einzelnen Stoffgebieten Homogenität vorliegt, ist in den einzelnen Stoffgebieten die magnetische Feldstärke jeweils konstant. Dann läßt sich schreiben:

$$\oint^{C} H\, ds = \int_1^2 H_{12}\, ds + \int_2^1 H_{21}\, ds = H_{12}\, l_{m12} + H_{21}\, l_{m21} = N\, I \qquad (10.18)$$

Wird in (10.18) berücksichtigt, daß Φ entlang des gesamten Umfanges l_m konstant ist und daß die Beziehung (10.17) gilt, so läßt sich schreiben:

$$\Phi \frac{l_{m12}}{\mu_{12}\, A} + \Phi \frac{l_{m21}}{\mu_{21}\, A} = N\, I \qquad (10.19)$$

In dieser Gleichung ist der Ausdruck $\frac{l_m}{\mu\, A}$ so aufgebaut wie die Beziehung des elektrischen Widerstandes eines linienförmigen Leiters. Er wird deshalb auch „magnetischer Widerstand" genannt. Dann besteht zwischen dem magnetischen Kreis des Bildes 10.13 und einem Stromkreis mit einer Spannungsquelle und zwei in Reihe geschalteten Widerständen eine Analogie:

Größen des elektrischen Stromkreises		Analoge Größe des magnetischen Kreises
Spannung der Quelle	U	N I
Strom	I	Φ
Widerstand	R	$\frac{l_m}{\mu A}$

Wegen des Durchflutungssatzes wird die Größe N I oft mit Durchflutung bezeichnet.

Für jeden magnetischen Kreis läßt sich eine Beziehung aufstellen, wie sie für das Beispiel des Bildes 10.13 durch die Gleichung (10.19) gegeben ist. Sie folgt aus dem Durchflutungssatz und der Beziehung (10.12). Mit ihrer Hilfe werden magnetische Kreise berechnet. Wegen der Analogie zum elektrischen Stromkreis können die für diesen geltenden Gesetze auch hier angewendet werden. Insbesondere wird im magnetischen Kreis die Teilspannung zwischen zwei Punkten des Kreises mit dem Begriff **magnetische Spannung** bezeichnet. Zu beachten ist jedoch der nicht-lineare Zusammenhang zwischen B und H bei ferromagnetischen Stoffen. Die Eigenschaften dieser Stoffe werden praktisch durch die Kommutierungskurve wiedergegeben. Diese sollte bei der Berechnung magnetischer Kreise benutzt werden. Die im Abschn. 6 beschriebenen Berechnungsmethoden können angewendet werden.

10.4 Aufgaben zum Abschnitt 10

Aufgabe 10.41

Es ist die Abhängigkeit der magnetischen Feldstärke von der Entfernung eines runden, gleichmäßig vom Strom durchflossenen Leiters zu berechnen. In Achsrichtung sei der Leiter unendlich lang angenommen.

Leiterdurchmesser: $2r_0$.

Aufgabe 10.42

Für eine gleichmäßig bewickelte Kreisringspule, deren Achse einen Umfang von $2\pi R = 0{,}9$ m hat und deren Querschnittsfläche $A = \pi r_0^2 = 300\ mm^2$ beträgt, soll der magnetische Fluß berechnet werden. Die Windungszahl der Erregerspule beträgt 5000, der Spulenstrom 1,35 A. Es seien die beiden Fälle betrachtet, bei denen der Spulenkern aus Holz und aus einem Material besteht, das eine B-H-Kennlinie wie Dynamoblech besitzt.

Aufgabe 10.43

Der abgebildete Ringkern (Querschnitt $2{,}5\ cm^2$) mit Luftspalt $l_L = 6$ mm habe einen vernachlässigbaren magnetischen Widerstand im Eisenpfad. In der Spule mit N = 250 fließt ein Strom von I = 2A. In den Luftspalt wird ein Metallkörper K eingebracht, (Dicke d = 4 mm), dessen magnetischer Widerstand ebenfalls vernachlässigbar ist. Wie groß ist die Flußänderung im magnetischen Kreis?

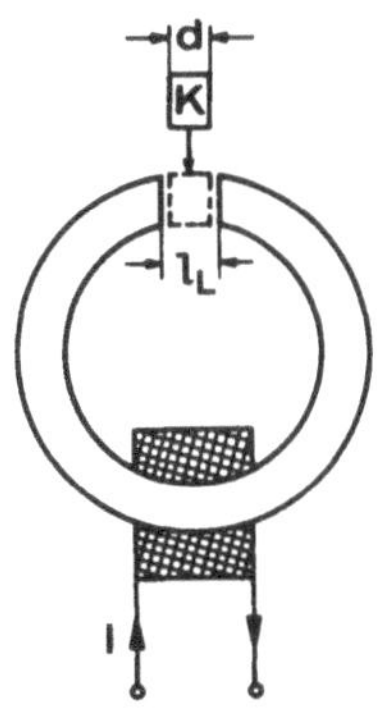

Aufgabe 10.44

Im Luftspalt 1–2 des Ringkerns aus Dynamoblech soll eine Flußdichte von 1,4 T erzeugt werden. Wie groß muß der Strom in der Erregerspule (N = 1500) sein?

Wie groß muß der Strom sein, wenn die Flußdichte jeweils 1,6 T; 0,6 T; 0,3 T betragen soll?

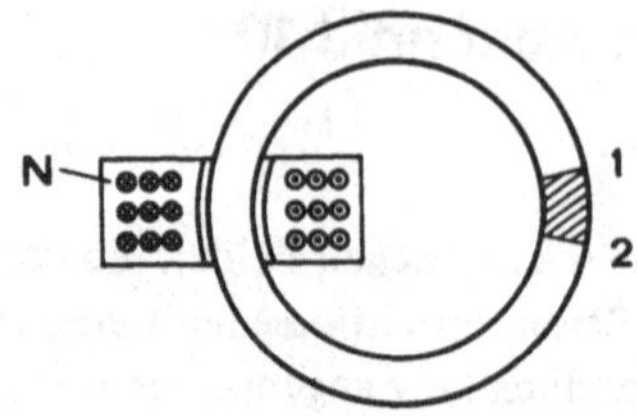

Mittlerer Durchmesser des Ringkerns: 30 cm
Wirksame Querschnittfläche des Kerns: 10,5 cm^2
Luftspalt: 4 mm

Aufgabe 10.45

Für den skizzierten magnetischen Kreis einer Drosselspule (Werkstoff Dynamoblech IV) soll für die angegebene Erregung der magnetische Fluß berechnet werden.

Wie groß sind die Flußdichte und die magnetischen Feldstärken im Eisen und im Luftspalt?

Welche Werte nehmen diese Größen an, wenn der Strom auf 4,5 A erhöht wird?

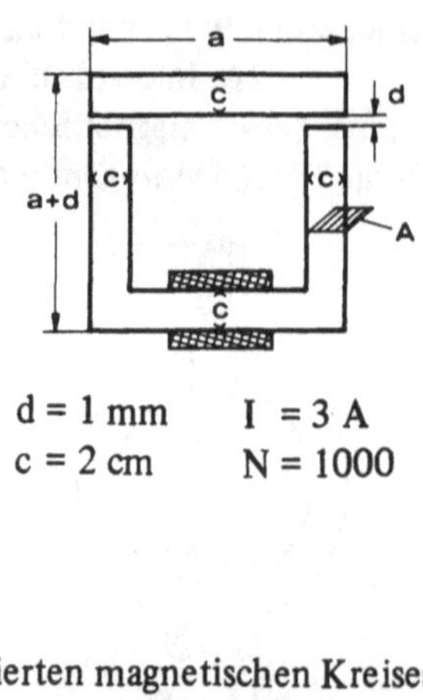

A = 4 cm^2 d = 1 mm I = 3 A
a = 10 cm c = 2 cm N = 1000

Aufgabe 10.46

Die Erregerspule des skizzierten magnetischen Kreises hat 1000 Windungen. Sie umschließt den mittleren Schenkel des Mantelkernes.

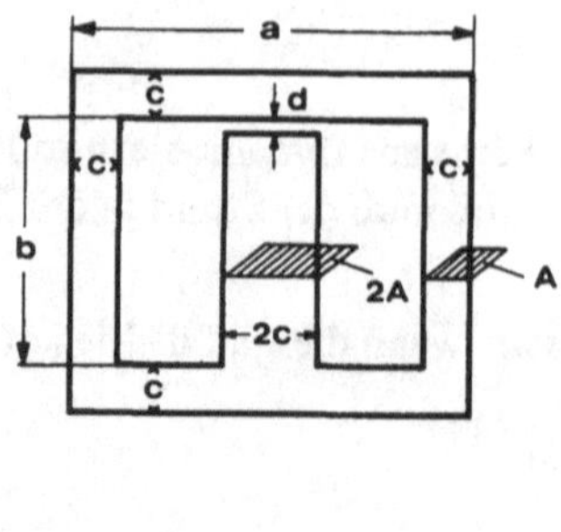

Wie groß sind der magnetische Fluß und die Induktion im Luftspalt bei 2,25 A Magnetisierungsstrom?

(Flußaufweitung im Luftspalt und Streuflüsse können vernachlässigt werden.) Kernmaterial Dynamoblech IV.

Wirksamer Querschnitt $A = 11{,}5\ cm^2$

d = 2 mm	b = 66 mm
a = 100 mm	c = 17 mm

Der zur Lösung erforderliche Verlauf $\Phi = f(V)$ ist aus dem Diagramm $B = f(H)$ zu ermitteln. Es kann mit mittleren Feldlinienlängen gerechnet werden. Mit V wird die magnetische Spannung gekennzeichnet.

Aufgabe 10.47

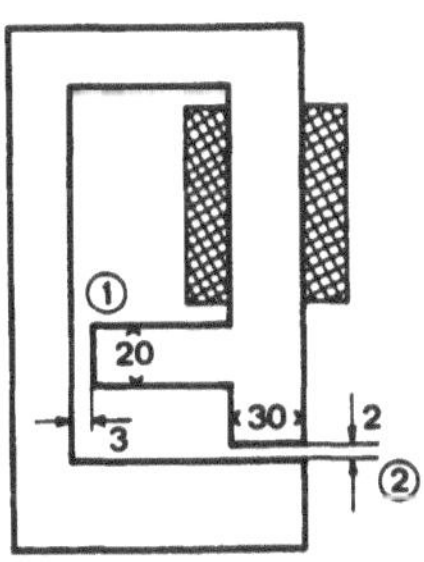

Maße in mm

Wie groß sind die magnetischen Flüsse in den Luftspalten 1 und 2, wenn in der Wicklung (N = 500) ein Strom von 2,35 A fließt? Die wirksame Dicke des Kernes beträgt 23,7 mm.

Die Flußdichte in der Anordnung sei so gering, daß der Einfluß der Eisenwege vernachlässigt werden kann.

Aufgabe 10.48

Für die Trennfläche zweier Stoffe mit den Konstanten μ_{r1} und μ_{r2} sind die Gesetzmäßigkeiten für $\vec{B}$ und $\vec{H}$ in den einzelnen Bereichen abzuleiten. Die Vektoren $\vec{B}$ und $\vec{H}$ treffen schräg auf die Trennfläche. (Vergl. auch Aufgabe 9.76.)

Lösungen der Aufgaben zum Abschnitt 10

Aufgabe 10.41

Die Linien konstanter Feldstärke sind nach Gleichung (10.8) konzentrische Kreise. Aus dieser Beziehung geht auch die Richtung von $\vec{H}$ hervor.

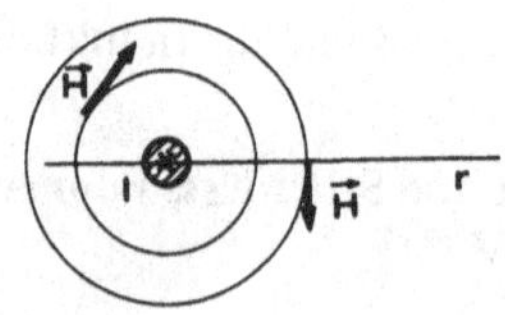

Bei der Anwendung des Durchflutungssatzes werden konzentrische Kreise als Integrationswege verwendet. Die Richtung von $\vec{H}$ stimmt dann mit $\vec{ds}$ überein.

$$\oint^{C} \vec{H}\,\vec{ds} = \Sigma\, I$$

$$\oint^{C} \vec{H}\,\vec{ds} = \oint^{C} H\, ds = H \oint^{C} ds = H\, 2\pi r = \Sigma\, I$$

Die umfaßte Stromsumme ist unterschiedlich, je nachdem ob der Integrationsweg innerhalb oder außerhalb des Leiters verläuft.

Gebiet $r > r_0$:

$$\Sigma\, I = I$$

$$H\, 2\pi r = I$$

$$H(r) = \frac{I}{2\pi} \frac{1}{r}$$

Gebiet $r < r_0$:

$$\Sigma\, I = \frac{I}{r_0^2\, \pi}\, r^2\, \pi = I\, \frac{r^2}{r_0^2}$$

$$H\, 2\pi r = I\, \frac{r^2}{r_0^2}$$

$$H(r) = \frac{I}{2\pi\, r_0^2}\, r$$

Das Ergebnis ist im folgenden Diagramm eingezeichnet. Der Maßstab für r gegenüber der oberen Zeichnung wurde geändert.

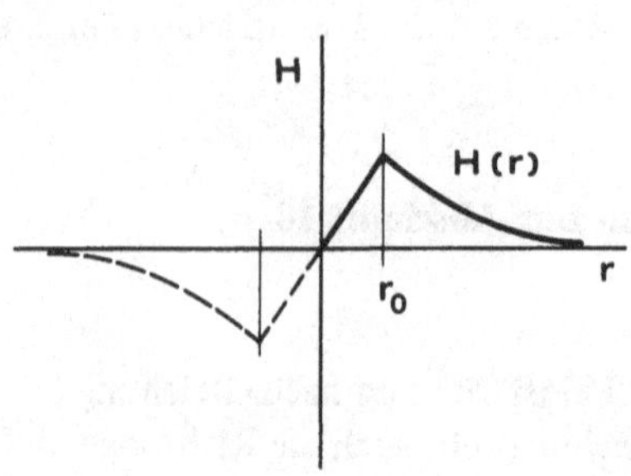

Aufgabe 10.42

Da $r_0 \ll R$, kann mit einer konstanten Feldstärke über dem Querschnitt gerechnet werden. Es wird die Feldstärke entlang der Spulenachse berechnet:

$$\oint^{C} \vec{H}\, d\vec{s} = \Sigma I \qquad l_m = 0{,}9\ \text{m};\ N = 5000;\ I = 1{,}35\ \text{A}$$

$$H\, l_m = N\, I$$

$$H = 7{,}5 \cdot 10^3\ \frac{\text{A}}{\text{m}}$$

Für den Spulenkern Holz:

$$\mu_r = 1; \qquad \mu_0 = 1{,}256 \cdot 10^{-6}\ \frac{\text{Vs}}{\text{Am}}$$

$$B = \mu\, H$$

$$B = 9{,}4 \cdot 10^{-3}\ \text{T}$$

$$\Phi = B\, A = 2{,}82 \cdot 10^{-6}\ \text{Vs}$$

Für den ferromagnetischen Spulenkern:

Es kann die mit dem Bild 10.12 gegebene Kommutierungskurve angewendet werden. Die Feldstärke von $7{,}5 \cdot 10^3\ \frac{\text{A}}{\text{m}}$ bringt in diesem Material eine Induktion von B = 1,57 T hervor. Damit beträgt der magnetische Fluß:

$$\Phi = 470 \cdot 10^{-6}\ \text{Vs}$$

Aufgabe 10.43

Ausgangszustand (K nicht im Luftspalt):

Wegen der Voraussetzung für den Eisenpfad $\mu_r \gg 1$ folgt aus (10.9) und (10.19):

$$H_L\, l_L = N\, I; \qquad B_L = \mu_0\, H_L$$

$$\Phi_1 = N\, I\, \frac{A\, \mu_0}{l_{L1}} \qquad l_{L1} = 6 \cdot 10^{-3}\ \text{m}$$

$$\Phi_1 = 26{,}2 \cdot 10^{-6}\ \text{Vs}$$

Endzustand (K im Luftspalt):

$$\Phi_2 = N\, I\, \frac{A\, \mu_0}{l_{L2}} \qquad l_{L2} = 2 \cdot 10^{-3}\ \text{m}$$

$$\Phi_2 = 78{,}5 \cdot 10^{-6}\ \text{Vs}$$

Flußänderung:

$$\Delta\Phi = \Phi_2 - \Phi_1 = 52{,}3 \cdot 10^{-6}\ \text{Vs}$$

Aufgabe 10.44

Es wird auch im Luftspalt mit Kreisbögen als Flußlinien gerechnet (keine Aufweitung des Luftspaltfeldes).

Wegen der großen Durchmesserabmessungen gegenüber den Querschnittsabmessungen wird mit einer gleichmäßigen Flußverteilung über den Querschnitt gerechnet. Die Rechnung erfolgt für die Kernachse.

Rechnung für 1,4 T im Luftspalt:

$$\Phi = B\,A = 1{,}4\ \mathrm{T}\ \ 10{,}5 \cdot 10^{-4}\ \mathrm{m}^2 = 1{,}47 \cdot 10^{-3}\ \mathrm{Vs}$$

Dieser Fluß ist sowohl im Luftspalt als auch im Eisenkern vorhanden.

Feldstärke im Luftspalt: $H_L = \frac{B}{\mu_0} = 1{,}12 \cdot 10^6\ \frac{\mathrm{A}}{\mathrm{m}}$

Die Feldstärke im Eisen ist dem Bild 10.12 zu entnehmen: $H_{Fe} = 2{,}6 \cdot 10^3\ \frac{\mathrm{A}}{\mathrm{m}}$

Luftspalt: $l_L = 4 \cdot 10^{-3}\ \mathrm{m}$

Mittlere Eisenweglänge: $l_{Fe} = \pi D_m - l_L = 0{,}938\ \mathrm{m}$

Wegen der zwei in sich homogenen Abschnitte des Kernes ergibt der Durchflutungssatz:

$$H_L\, l_L + H_{Fe}\, l_{Fe} = N\, I$$

$$(4{,}48 \cdot 10^3 + 2{,}44 \cdot 10^3)\ \mathrm{A} = N\, I$$

$$I = 4{,}6\ \mathrm{A}$$

Rechnung für 1,6 T im Luftspalt:

Feldstärke im Luftspalt: $H_L = 1{,}28 \cdot 10^6\ \frac{\mathrm{A}}{\mathrm{m}}$

Feldstärke im Eisen: $H_{Fe} = 9 \cdot 10^3\ \frac{\mathrm{A}}{\mathrm{m}}$

$$(5{,}12 \cdot 10^3 + 8{,}44 \cdot 10^3)\ \mathrm{A} = N\, I$$

$$I = 9{,}04\ \mathrm{A}$$

Rechnung für 0,6 T im Luftspalt:

$$H_L = 0{,}48 \cdot 10^6\ \frac{\mathrm{A}}{\mathrm{m}}$$

$$H_{Fe} = 0{,}08 \cdot 10^3\ \frac{\mathrm{A}}{\mathrm{m}}$$

$$(1{,}92 \cdot 10^3 + 0{,}075 \cdot 10^3)\ \mathrm{A} = N\, I$$

$$I = 1{,}33\ \mathrm{A}$$

Rechnung für 0,3 T im Luftspalt:

$$H_L = 0{,}24 \cdot 10^6 \, \frac{A}{m}$$

$$H_{Fe} = 0{,}04 \cdot 10^3 \, \frac{A}{m}$$

$$(0{,}96 \cdot 10^3 + 0{,}038 \cdot 10^3)\,A = N\,I$$

$$I = 0{,}67\,A$$

Es sind bei diesen Ergebnissen nicht nur die unterschiedlichen Werte für den Strom sondern auch die unterschiedliche Aufteilung der magnetischen Spannung N I auf den Luftspalt und den Eisenweg bei den verschiedenen Flußdichten zu beachten.

Aufgabe 10.45

Der vorliegende magnetische Kreis einer Drosselspule besteht aus dem U-förmigen Eisenkern, dem Joch (Eisen) und den beiden Luftspalten. Wird die magnetische Streuung vernachlässigt, dann ist in allen diesen Teilen derselbe Fluß vorhanden. Die magnetischen Widerstände dieser Teile sind hintereinander geschaltet. Es besteht Analogie zu einem Stromkreis, wie das folgende Bild zeigt:

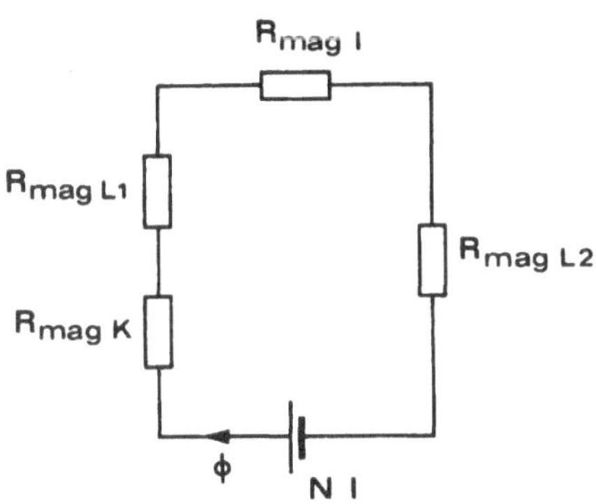

Dem magnetischen Kreis der Aufgabe analoger Stromkreis

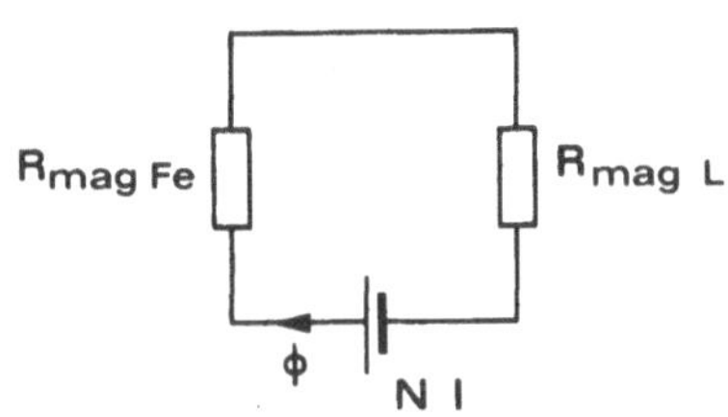

Vereinfachter Stromkreis

Dieser kann in bekannter Weise vereinfacht werden. In dem vereinfachten Stromkreis ist $R_{mag\,L}$ ein linearer und $R_{mag\,Fe}$ ein nichtlinearer Widerstand. Im Abschn. 6 wurden Verfahren zur Berechnung dieser Kreise besprochen. Der Fluß ergibt sich danach aus dem Schnittpunkt der Kennlinie des nichtlinearen Widerstandes $\Phi = f(V)$ mit der Kennlinie der Quelle (der Buchstabe V wird zur Bezeichnung der magnetischen Spannung verwendet):

$$V = N\,I - \Phi\, R_{mag\,L}$$

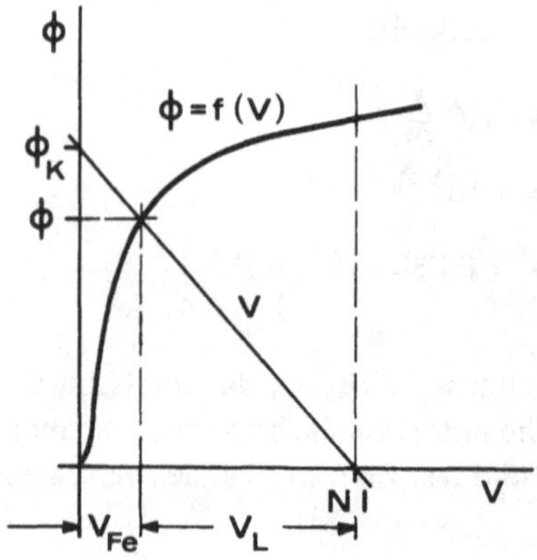

Aufteilung der magnetischen Spannung auf den Eisenweg und den Luftspalt.
$V = N\,I - \Phi\,R_{mag\,L}$

Die Kennlinie $\Phi = f(V)$ wird dabei aus der Werkstoffkurve $B = f(H)$ des Bildes 10.12 gewonnen:

$$\Phi = B\,A \qquad A = 4\ \text{cm}^2$$

$$V = H\,l_{Fe} \qquad l_{Fe} = 32\ \text{cm}$$

Es wird mit der mittleren Eisenweglänge gerechnet.

Das Bild auf Seite 59 ergibt die graphische Lösung.

Die Kennlinie der Quelle wird dabei durch die beiden Punkte N I und Φ_k bestimmt:

$$N\,I = 3000\ \text{A} \qquad (\text{„Leerlauf"})$$

$$\Phi_k = \frac{N\,I}{R_{mag\,L}} \qquad (\text{„Kurzschluß"})$$

$$\Phi_k = \frac{N\,I}{l_L}\,A\,\mu_0 = \frac{3 \cdot 10^3\ \text{A}}{2 \cdot 10^{-3}\ \text{m}}\ 4 \cdot 10^{-4}\ \text{m}^2\ 1{,}256 \cdot 10^{-6}\ \frac{\text{Vs}}{\text{Am}}$$

$$\Phi_k = 754 \cdot 10^{-6}\ \text{Vs}$$

Der im magnetischen Kreis vorhandene Fluß beträgt

$$\Phi = 555 \cdot 10^{-6}\ \text{Vs}$$

Die Induktion im Luftspalt (gleiche Fläche wie im Eisenkern angenommen):

$$B = 1{,}39\ \text{T}$$

Die Aufteilung der magnetischen Spannung und die daraus folgenden Feldstärken im Luftspalt und im Eisenkern:

$$V_L = 2{,}2 \cdot 10^3\ \text{A} \qquad H_L = 1{,}10 \cdot 10^6\ \frac{\text{A}}{\text{m}}$$

$$V_{Fe} = 0{,}8 \cdot 10^3\ \text{A} \qquad H_{Fe} = 2{,}5 \cdot 10^3\ \frac{\text{A}}{\text{m}}$$

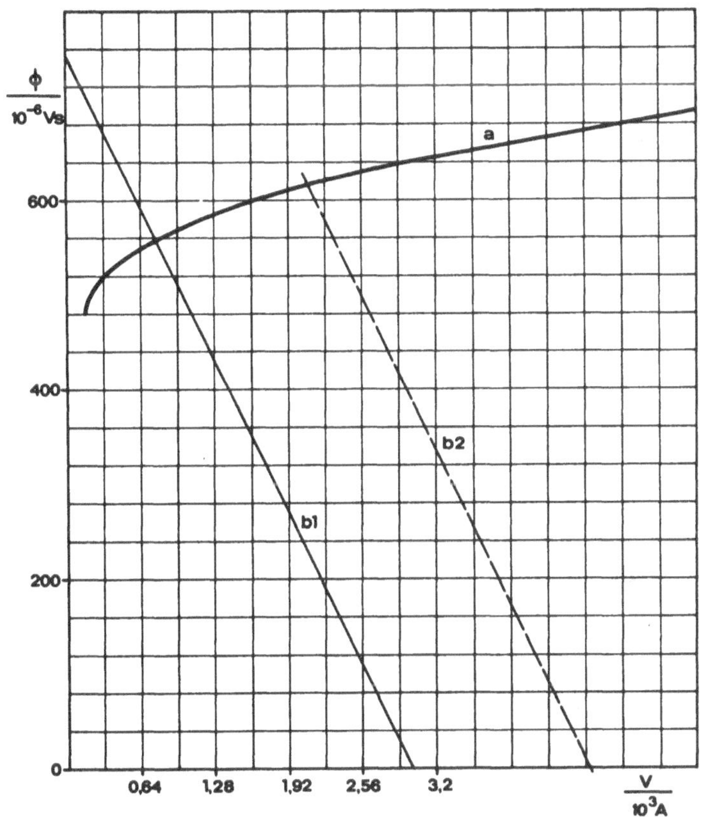

a) $\Phi = f(V)$ Eisenweg

b1) $V = N\,I - \Phi\,R_{mag\,L}$ für $I = 3$ A

b2) $V = N\,I - \Phi\,R_{mag\,L}$ für $I = 4{,}5$ A

Wird der Strom auf 4,5 A erhöht, ergibt sich:

$$N\,I = 4{,}5 \cdot 10^3\ \text{A}$$

Die neue Arbeitsgerade wird durch Parallelverschieben der Geraden $V = N\,I - \Phi\,R_{mag\,L}$ gefunden (unterbrochen gezeichnete Gerade).

Der neue Wert für den Fluß und die Induktion:

$$\Phi = 620 \cdot 10^{-6}\ \text{Vs} \qquad B = 1{,}55\ \text{T}$$

$$V_L = 2{,}30 \cdot 10^3\ \text{A} \qquad H_L = 1{,}15 \cdot 10^6\ \frac{\text{A}}{\text{m}}$$

$$V_{Fe} = 2{,}11 \cdot 10^3\ \text{A} \qquad H_{Fe} = 6{,}6 \cdot 10^3\ \frac{\text{A}}{\text{m}}$$

Aufgabe 10.46

Aus der geometrischen Anordnung folgt der analoge Stromkreis und seine vereinfachte Form ($d \ll b$):

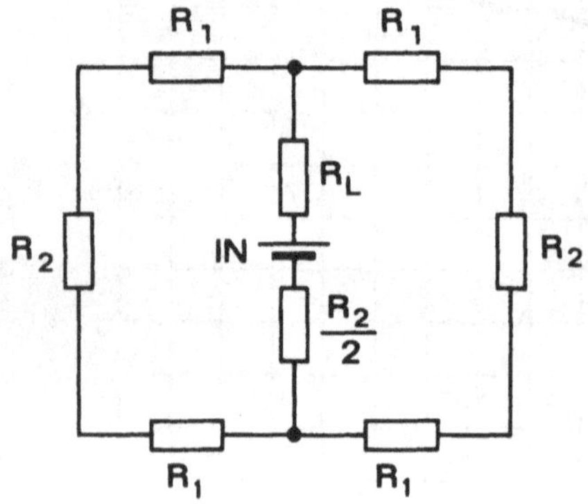

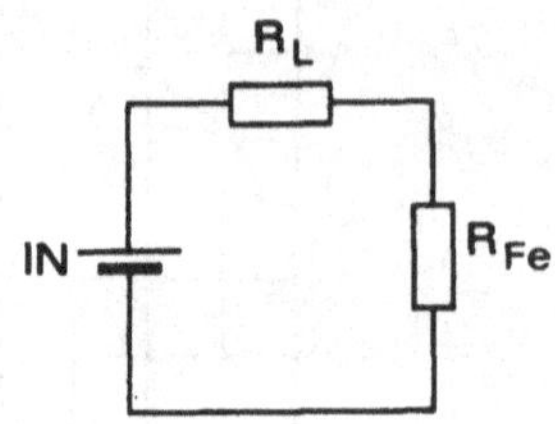

$$R_{Fe} = R_1 + R_2$$

R_{Fe} ist mit ausreichender Genauigkeit zu berechnen mit A und

$l_{m\ Fe} = 2\left(\left(\frac{a}{2} - c\right) + (b + c)\right) = 2\left(\frac{a}{2} + b\right) = 23{,}2$ cm.

Umrechnen der Kennlinie R_{Fe}:

$\frac{B_{Fe}}{T}$	1,19	1,30	1,37	1,46	1,53
$\frac{H_{Fe}}{10^3 \frac{A}{m}}$	0,5	1,0	2	4	6
$\frac{\Phi}{10^{-3}\ Vs}$	1,37	1,49	1,58	1,68	1,76
$\frac{V}{10^3\ A}$	0,12	0,23	0,46	0,93	1,39

$N I = 2{,}25 \cdot 10^3$ A

$\Phi_k = 1{,}62 \cdot 10^{-3}$ Vs

Ergebnis:

$\Phi = 1{,}48 \cdot 10^{-3}$ Vs $\qquad B = 1{,}29$ T

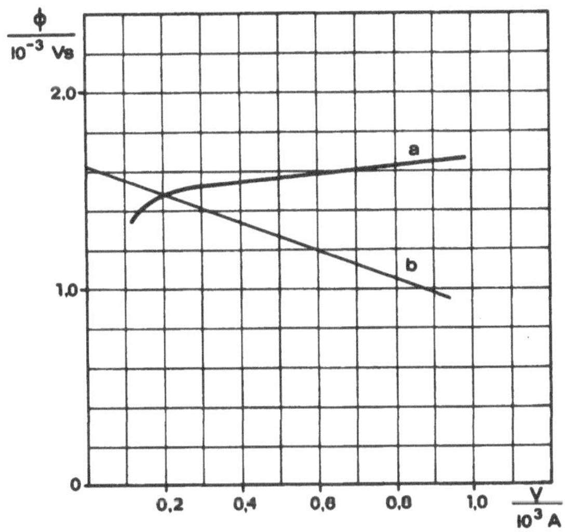

a) $\Phi = f(V)$ Eisenweg

b) $V = N\,I - \Phi\, R_{mag\ L}$

Aufgabe 10.47

Wegen der Vernachlässigung der magnetischen Widerstände des Eisens ergibt sich der folgende analoge Stromkreis:

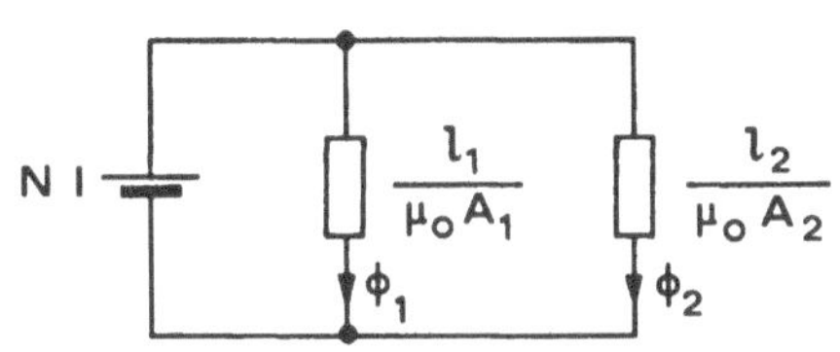

Für den Luftspalt 1:

$l_1 = 3$ mm $\qquad A_1 = 4{,}74\ \text{cm}^2$

$$\Phi_1 = \frac{N\,I}{l_1} A_1\, \mu_0 = 233 \cdot 10^{-6}\ \text{Vs}$$

Für den Luftspalt 2:

$l_2 = 2$ mm $\qquad A_2 = 7{,}11\ \text{cm}^2$

$$\Phi_2 = \frac{N\,I}{l_2} A_2\, \mu_0 = 525 \cdot 10^{-6}\ \text{Vs}$$

Aufgabe 10.48

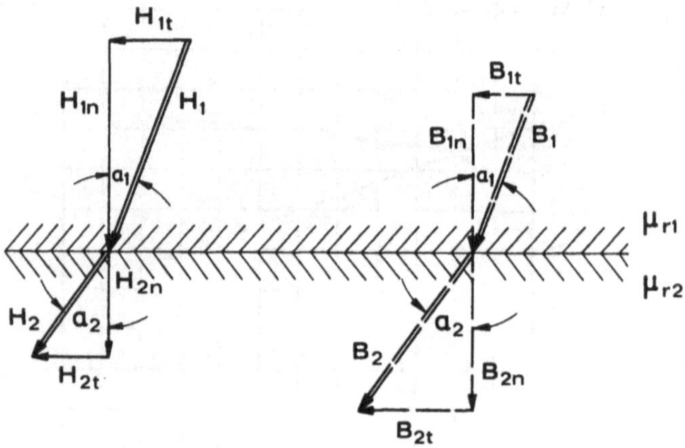

Es erfolgt eine Zerlegung der Vektoren in ihre Normalkomponenten (Index n) und Tangentialkomponenten (Index t).

Aus der Definition $\oint \vec{B}\, d\vec{A} = \Phi$, aus der Richtung von $d\vec{A}$ senkrecht zur Trennfläche und aus der Konstanz des magnetischen Flusses folgt die Gleichheit der Normalkomponenten der Flußdichte:

$$B_{1n} = B_{2n}$$

Für die Normalkomponenten der magnetischen Feldstärke folgt dann:

$$\mu_0 \mu_{r1} H_{1n} = \mu_0 \mu_{r2} H_{2n}$$

$$\frac{H_{1n}}{H_{2n}} = \frac{\mu_{r2}}{\mu_{r1}}$$

Eine Aussage über die Tangentialkomponenten folgt aus dem Durchflutungssatz, wenn dieser unmittelbar an der Trennfläche angesetzt wird:

$$\oint \vec{H}\, d\vec{s} = H_{1t}\, l - H_{2t}\, l = 0$$

Es wird bei diesem Umlauf kein Strom umfaßt. Hieraus folgt:

$$H_{1t} = H_{2t}$$

Die Tangentialkomponenten der magnetischen Feldstärke sind gleich.

Für die Tangentialkomponenten der Flußdichte folgt dann:

$$\frac{B_{1t}}{\mu_0 \mu_{r1}} = \frac{B_{2t}}{\mu_0 \mu_{r2}} \qquad \frac{B_{1t}}{B_{2t}} = \frac{\mu_{r1}}{\mu_{r2}}$$

Beziehung der Winkel α_1 und α_2

$$\frac{\tan \alpha_1}{\tan \alpha_2} = \frac{\mu_{r1}}{\mu_{r2}}$$

11. Wechselwirkung zwischen magnetischem und elektrischem Feld (Induktionsgesetz)

Neben der Wirkung des elektrischen Stromes, ein Magnetfeld zu erregen, zeigen Experimente, daß auch ein magnetisches Feld seinerseits elektrische Wirkungen ausübt. Diese Erscheinungen werden unter dem Begriff der **Induktion** zusammengefaßt. Darauf war bereits bei der Einführung der magnetischen Feldgrößen eingegangen worden.

11.1 Induktionsgesetz

Zur Erläuterung des physikalischen Vorgangs der Induktion soll an das Experiment angeknüpft werden, das im Abschn. 10.1 mit dem Bild 10.1 beschrieben wurde.

Das Ergebnis dieses Experimentes war in der Beziehung (10.7) zusammengefaßt worden:

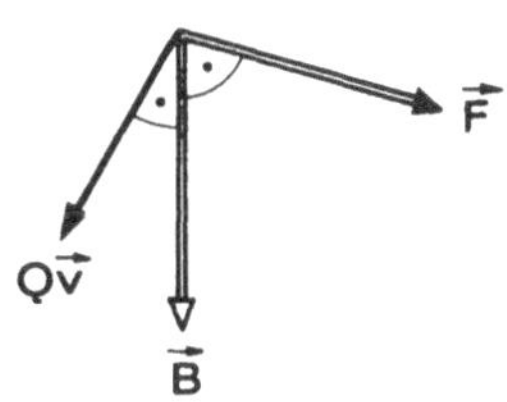

$$\vec{F} = (Q\,\vec{v}) \times \vec{B}$$

Bild 11.1

Diese Beziehung beschreibt die Kraftwirkung auf eine mit konstanter Geschwindigkeit v bewegte Ladungsmenge Q im Magnetfeld.

Im Abschn. 1 war mit Hilfe der Kraftwirkung auf eine Ladung die elektrische Feldstärke definiert worden:

$$\vec{E} = \frac{1}{Q}\vec{F}$$

Wird diese Beziehung in die Gleichung (10.7) eingeführt, so ergibt sich:

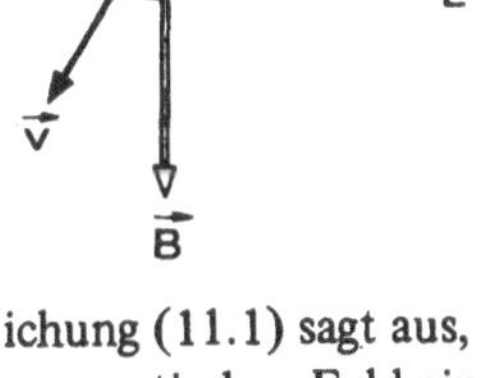

$$\vec{E} = \vec{v} \times \vec{B} \qquad (11.1)$$

Bild 11.2

Die Gleichung (11.1) sagt aus, daß eine Bewegung von Ladungsträgern im magnetischen Feld eine elektrische Feldstärke hervorruft. Sie beschreibt zugleich die Verknüpfung der beiden Feldformen.

Die Gleichung (11.1) stellt die allgemeinste Form des **Induktionsgesetzes** dar. Für den Fall, daß die elektrische Feldstärke in einem bewegten Leiter entsteht, soll ihre Wirkung an einem einfachen Modell untersucht werden. Im Leiter sind bewegliche Ladungsträger vorhanden, die sich unter dem Einfluß einer elektrischen Feldstärke bewegen können.

Das Bild (11.3) zeigt ein Modell, mit dem die Erscheinungen an einem im Magnetfeld bewegten Leiter studiert werden können.

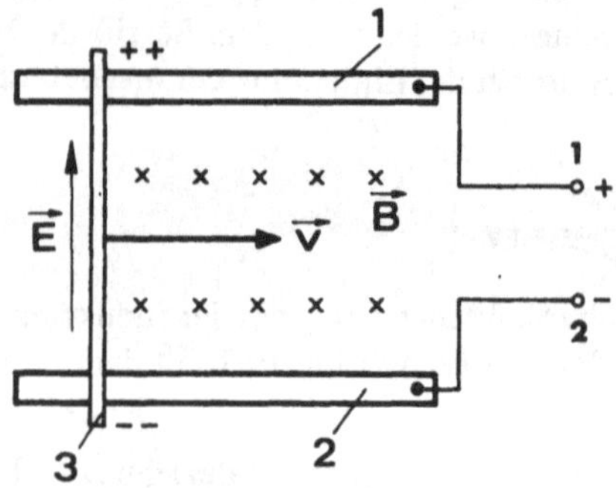

Bild 11.3 Modell zur Erklärung des Induktions-Vorganges

1 und 2 sind zwei widerstandsfreie Leiterbahnen, auf denen ein weiterer Leiter 3 gleiten kann. Dieser Leiter ist mit den Gleitschienen durch den schleifenden Kontakt leitend verbunden. Das Modell ist endlich ausgedehnt und mit den Klemmen 1 und 2 abgeschlossen. Im Raum zwischen den Schienen ist ein homogenes Magnetfeld vorhanden, dessen Stärke durch die Flußdichte B beschrieben wird und das senkrecht zur Fläche zwischen den Gleitschienen gerichtet ist.
Es wird durch die Kreuze dargestellt.

Wird der Leiter 3 dieses Modells mit einer Geschwindigkeit bewegt, die durch den Vektor $\vec{v}$ gekennzeichnet ist, so tritt die eingezeichnete Feldstärke $\vec{E}$ auf. Durch sie werden die Ladungsträger im Leiter getrennt, und zwar so, daß bei 1 positive und bei 2 negative Ladungsträger vorhanden sind. Damit sind auch an der Klemme 1 positive und an der Klemme 2 negative Ladungsträger im Überschuß vorhanden.

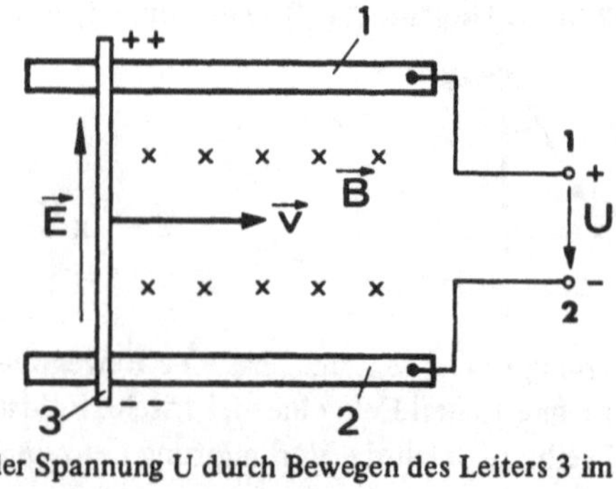

Bild 11.4 Induktion der Spannung U durch Bewegen des Leiters 3 im Magnetfeld

Entsprechend der Vereinbarung über die Zählpfeile in Abschn. 3 ist die so entstandene Spannungsquelle mit dem Zählpfeil U zu versehen.

Mit Hilfe des Modells nach Bild 11.4 ist die Erzeugung einer Spannung durch die Bewegung eines Leiters im Magnetfeld zu erklären. Diese Art der Spannungserzeugung wird **Induktion** genannt. Die Spannung U ist eine Spannung, die durch die Bewegung des Leiters 3 im Magnetfeld induziert wird.

In dem Modell kann die induzierte Spannung genutzt werden. Wird an die Klemmen 1 und 2 ein Widerstand R angeschlossen, so kann ein Strom I in der eingezeichneten Richtung fließen.

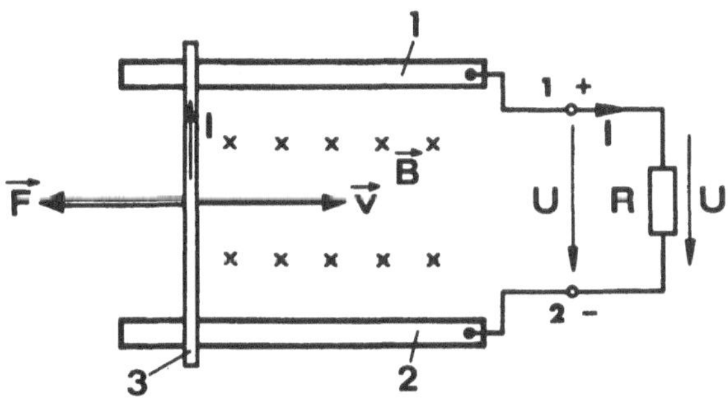

Bild 11.5 Modell eines elektromagnetischen Generators

Der mit der Geschwindigkeit $\vec{v}$ im Magnetfeld bewegte Leiter ruft aufgrund der Induktion die Spannung U und den Strom I hervor. Der Stromkreis ist über die Klemmenanschlüsse und die Leiterbahnen und den Leiter 3 geschlossen, so daß in ihm der eingezeichnete Strom fließt. Jetzt stellt der Leiter 3 einen im Magnetfeld bewegten, vom Strom durchflossenen Leiter dar. Die Folge dieses Vorganges ist, entsprechend der Gleichung (10.2), eine Kraftwirkung auf den Leiter. Die Kraft, die auf den Leiter 3 wirkt, ist im Bild 11.5 mit dem Vektor $\vec{F}$ eingezeichnet.

Bei dem mit einem Widerstand an den Klemmen 1 und 2 abgeschlossenen Modell muß der Leiter entgegen der Kraft $\vec{F}$ bewegt werden. Dem Modell wird mechanische Energie zugeführt. Sie wird in elektrische Energie umgewandelt und durch den Stromkreis an den Widerstand R transportiert. Dieser führt sie in Form von Wärme ab.

Dieses Modell mit den Schienen 1 und 2 und dem bewegten Leiter stellt einen einfachen **elektromagnetischen Generator** dar. Es ist noch zu beachten, daß in Übereinstimmung mit dem Verbraucherzählpfeilsystem im Generator U und I entgegengesetzt gerichtet sind und daß im Verbraucherwiderstand U und I dieselbe Richtung haben.

Dieses Verhalten eines elektromagnetischen Generators läßt sich auch durch die Vektortripel beschreiben.

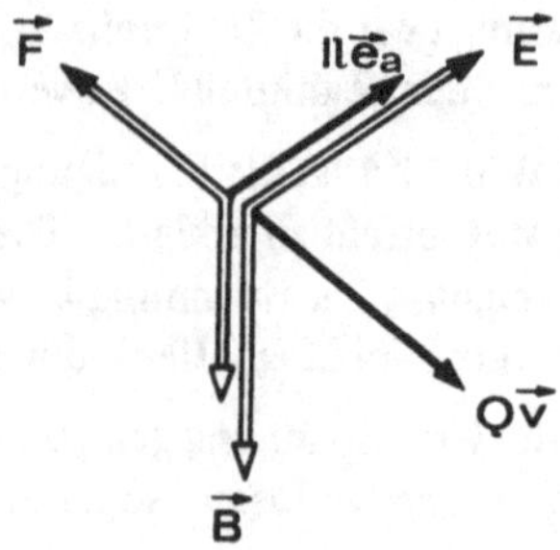

Bild 11.6 Vektorgrößen des elektromagnetischen Generators

Das Magnetfeld (Vektor $\vec{B}$) ist beiden Vektortripeln gemeinsam. Das rechte beschreibt die Ladungstrennung infolge der Bewegung im Magnetfeld. Das linke Tripel beschreibt die Kraftwirkung auf einen stromdurchflossenen Leiter. $\vec{F}$ und $\vec{v}$ sind entgegengesetzt gerichtet und zeigen so den generatorischen Betriebszustand an.

Jetzt soll das Modell des Bildes (11.3) an den Klemmen 1 und 2 mit einer Spannungsquelle abgeschlossen werden.

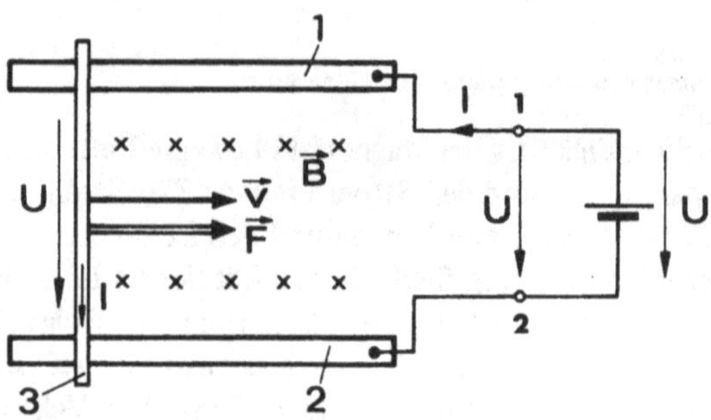

Bild 11.7 Modell eines elektromagnetischen Motors

Die angeschlossene Spannungsquelle ist in der Lage, den eingezeichneten Strom I zu treiben. Im Leiter 3 fließt der Strom jetzt in umgekehrter Richtung gegenüber dem Bild 11.5. Das hat zur Folge, daß die Kraftrichtung ebenfalls entgegengesetzt ist. Jetzt haben am Leiter 3 Bewegung ($\vec{v}$) und Kraft ($\vec{F}$) dieselbe Richtung. Das Modell ist in dieser Betriebsweise das Modell eines einfachen **elektromagnetischen Motors**. Die an den Klemmen 1 und 2 angeschlossene Spannungsquelle ist in diesem Fall der Generator (Zählpfeile U und I). Dieser liefert elektrische Energie in den Stromkreis, die dieser an den Leiter 3 weitergibt. Am Leiter 3 wird die Energie in mechanische Energie umgeformt und dem Modell entnommen.

Das Verhalten des elektromagnetischen Motors kann auch mit Hilfe der Vektortripel beschrieben werden.

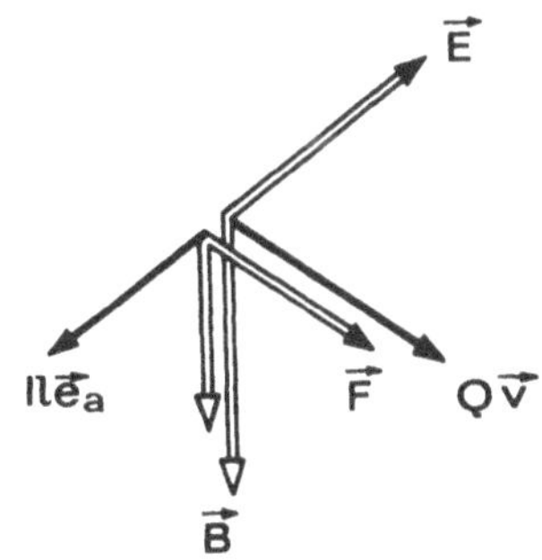

Bild 11.8 Vektorgrößen des elektromagnetischen Motors

Das rechte System beschreibt wieder den Induktionsvorgang, das linke System die Kraftwirkung auf den stromdurchflossenen Leiter. $\vec{F}$ und $\vec{v}$ haben dieselbe Richtung und geben somit motorischen Betriebszustand an.

Im Modell des Bildes 11.3 kann die Leiterbewegung auch mit Hilfe der Änderung des Flusses beschrieben werden. Im Modell des Bildes 11.3 ist der Magnetfluß

$$\Phi = \int^{A} B \, dA$$

(Wegen der Übereinstimmung der Richtung von $\vec{B}$ und $d\vec{A}$ kann auf die vektorielle Schreibweise verzichtet werden.)

Da die Magnetflußdichte in dem betrachteten Gebiet konstant ist, gilt $\Phi = B\,A$.

Bei der Bewegung des Leiters 3 mit der Geschwindigkeit v ändert sich die Fläche A und damit auch der wirksame Fluß. Der wirksame Fluß ist der Teil des Magnetfeldes, der von der Schleife umfaßt wird, die aus dem Leiter 3, den Schienen 1 und 2 und den Anschlußklemmen 1 und 2 mit ihrer Zuleitung gebildet wird.

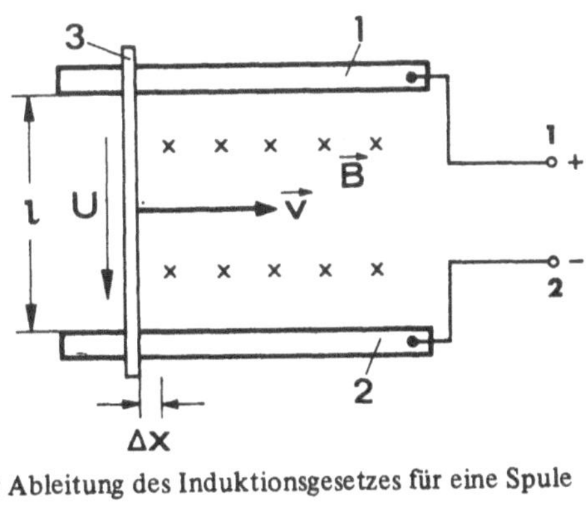

Bild 11.9 Modell zur Ableitung des Induktionsgesetzes für eine Spule

Bei der Bewegung um Δx ändert sich der wirksame Fluß um

$$\Delta\Phi = B\,\Delta A = B\,l\,\Delta x \tag{11.2}$$

Da sich der Leiter 3 mit konstanter Geschwindigkeit v bewegt, kann die Gleichung (11.2) auch geschrieben werden

$$\Delta\Phi = B\, v\, l\, \Delta t \tag{11.3}$$

Werden aus der Gleichung (11.1) die Beziehungen für die Beträge entnommen, so ergibt sich damit

$$\Delta\Phi = E\, l\, \Delta t = U\, \Delta t \tag{11.4}$$

Aus der Gleichung (11.4) geht der Betrag der Spannung U hervor:

$$U = \frac{\Delta\Phi}{\Delta t} \tag{11.5}$$

Für eine ungleichmäßige Bewegung gilt diese Ableitung für ein Zeitintervall dt ebenfalls. Das Ergebnis lautet dann:

$$u = \frac{d\Phi}{dt} \tag{11.6}$$

Diese Beziehung stellt den Zusammenhang dar zwischen der in einer Leiterschleife induzierten Spannung und der Änderung des wirksamen Flusses. Die induzierte Spannung ist der zeitlichen Änderung des mit der Leiterschleife verketteten Flusses direkt proportional. Die Gleichung (11.6) wurde aus der Beziehung (11.1) gewonnen und stellt eine spezielle Form des **Induktionsgesetzes** dar.

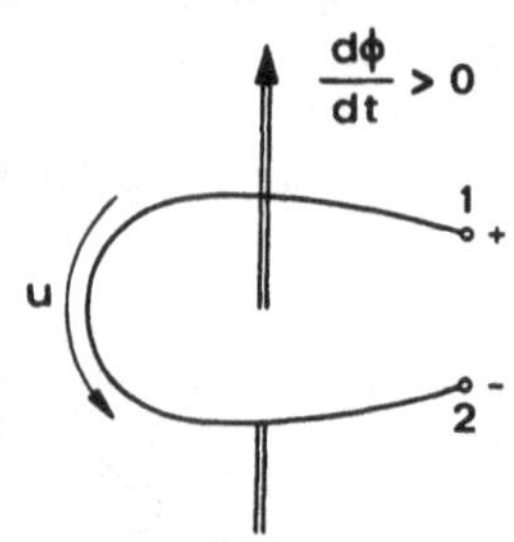

Bild 11.10 Zum Induktionsgesetz

Das Bild 11.10 folgt unmittelbar aus dem Bild 11.9. Es kann dabei das $d\Phi/dt$ gewonnen werden mit B = konstant und einer Änderung der Fläche und der damit verbundenen Änderung des wirksamen Flusses oder mit einer festen Leiterschleife und einer zeitlichen Änderung des Magnetflusses.

Die Richtung der Spannung im Bild 11.10 ist dieselbe wie im Bild 11.9. Die Richtung $d\Phi/dt > 0$ ergibt sich daraus, daß bei der Bewegung im Bild 11.9 der Magnetfluß verkleinert wird. Die Größen Φ und $d\Phi$ sind entgegengesetzt gerichtet.

Die Richtungsaussage aus dem Bild 11.10 lautet also unter Berücksichtigung der früheren Richtungswahl für die Spannung:

> Die in einer Schleife induzierte Spannung u und die zeitliche Änderung des mit der Schleife verketteten Flusses $d\Phi/dt$ sind wie eine rechtsgängige Schraube miteinander verknüpft.

Durchsetzt ein Fluß Φ eine Spule mit N Windungen so, daß alle Windungen gleichmäßig vom Fluß erfaßt werden, dann wird in jeder Windung die gleiche Spannung induziert. Sie sind in Reihe geschaltet und damit lautet das **Induktionsgesetz für eine Spule**:

$$u = N \frac{d\Phi}{dt} \tag{11.7}$$

Für die Auslegung von Spulen ist die folgende, aus dem Induktionsgesetz abgeleitete Beziehung wichtig. Sie gilt für Spulen, deren Wicklungswiderstand vernachlässigt werden kann. Es soll ein Eisenkern mit dem wirksamen Querschnitt A_{Fe} angenommen werden. Der Fluß durchsetzt alle Windungen gleichmäßig.

Das Induktionsgesetz (11.7) kann auch geschrieben werden:

$$\int u \, dt = N \, \Delta\Phi \tag{11.8}$$

Es soll eine Beschränkung auf Wechselspannungen vorgenommen werden, bei denen die Beträge der positiven und negativen Halbperioden gleich sind. Bei diesen braucht nur eine halbe Periode betrachtet zu werden.

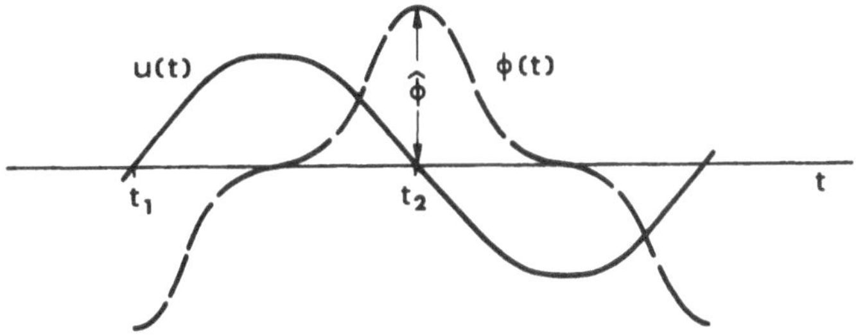

Bild 11.11 Zur Anwendung des Induktionsgesetzes

$$\int_{t_1}^{t_2} u(t) \, dt = N(\Phi_2 - \Phi_1) = N \, 2 \, \hat{\Phi} \tag{11.9}$$

Wird der arithmetische Mittelwert einer halben Periode $\overline{U}_{\frac{T}{2}}$ eingeführt, dann gilt:

$$\int_{t_1}^{t_2} u \, dt = \frac{T}{2} \overline{U}_{\frac{T}{2}} = N \, 2 \, \hat{\Phi} = N \, 2 \, A_{Fe} \, \hat{B}$$

$$\overline{U}_{\frac{T}{2}} = 4 \, N \, f \, A_{Fe} \, \hat{B} \tag{11.10}$$

Diese Beziehung besteht zwischen dem arithmetischen Mittelwert einer halben Periode einer induzierten Wechselspannung, der Frequenz f und dem Scheitelwert der Magnetflußdichte und den Größen N und A_{Fe} der Spule.

Für den Fall sinusförmiger Größen gilt

$$\overline{U}_{\frac{T}{2}} = 0{,}9\,U; \qquad U: \text{Effektivwert}$$

$$U = 4{,}44\,N\,f\,A_{Fe}\,\hat{B} \tag{11.11}$$

11.2 Anwendung des Induktionsgesetzes

Im vorigen Abschnitt wurden die Wirkungen des Magnetfeldes auf einen Leiter als der Vorgang der Induktion beschrieben. Es sollen zwei verschiedene Formen der Anwendung der Induktion unterschieden werden:

Wirkt das einen Strom begleitende Magnetfeld auf den Leiter selbst: Vorgang der **Selbstinduktion.**

Wirkt das einen Strom begleitende Magnetfeld auf einen anderen Leiter: Vorgang der **Gegeninduktion.**

Selbstinduktion

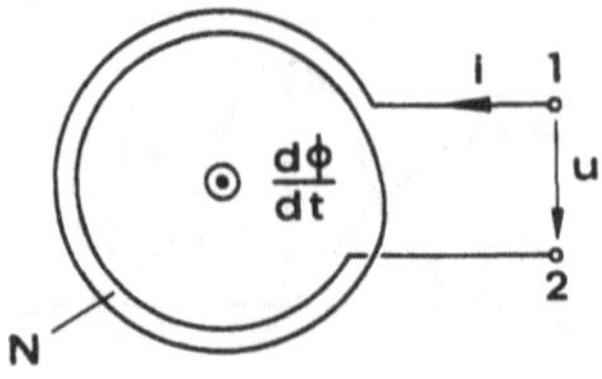

Bild 11.12 Zum Vorgang der Selbstinduktion

Im Bild 11.12 ist eine Spule mit N Windungen dargestellt, die von einem Fluß mit einer Änderung $d\Phi/dt$ durchsetzt wird. Das Magnetfeld gehe von der Spule selbst aus. Es interessiert der Zusammenhang zwischen der Spannung an der Spule u und dem Spulenstrom i. Das Bild 11.12 stellt einen Ausschnitt aus einem magnetischen Kreis dar, wie er im Bild 10.13 vollständig gezeichnet wurde. Der ohmsche Widerstand der Wicklung soll vernachlässigt werden.

Aus der Gleichung (11.7) und den Beziehungen (10.15) und (10.16) des magnetischen Kreises folgt

$$u = N\,\frac{d}{dt}\left(i\,N\,\frac{\mu A}{l_m}\right) \tag{11.12}$$

Die geometrischen Abmessungen des magnetischen Kreises A und l_m sind meist konstant. Hier soll zusätzlich die Permeabilitätsgröße μ konstant vorausgesetzt werden. Das ist bei allen nicht ferromagnetischen Stoffen erfüllt oder gilt für ferromagnetische Stoffe bei kleinen Feldstärkeänderungen. Ferner soll der Fluß alle N Windungen gleichmäßig durchsetzen. Dann folgt aus (11.12)

$$u = N^2 \frac{\mu A}{l_m} \frac{di}{dt} \tag{11.13}$$

Die Größe $\frac{l_m}{\mu A}$ wird in einem magnetischen Kreis, der die eben genannten Voraussetzungen erfüllt, magnetischer Widerstand genannt.

In der Beziehung (11.13) werden die Konstanten zu einem Faktor L zusammengefaßt. Er wird der **Faktor der Selbstinduktion** genannt

$$L = N^2 \frac{\mu A}{l_m} \tag{11.14}$$

Damit kann für eine Spule geschrieben werden

$$u = L \frac{di}{dt}$$

Diese Beziehung war bereits in Abschn. 2 eingeführt und der Faktor L als Induktivität bezeichnet worden. Die hier angestellten Überlegungen zeigen, daß mit L = konst. nur gerechnet werden kann, wenn auch die Stoffgröße μ eine Konstante ist.

Gegeninduktion

Wird eine Spule mit der Windungszahl N_2 von einem Fluß Φ_1 durchsetzt, der von einer anderen Spule mit der Windungszahl N_1 erregt wird, so ist die in der Spule N_2 induzierte Spannung u_2:

$$u_2 = N_2 \frac{d\Phi_1}{dt} \tag{11.15}$$

Hierbei wird zunächst angenommen, daß der gesamte von der Spule N_1 ausgehende Fluß die Spule N_2 durchsetzt. Dieser Zustand wird mit **idealer oder vollständiger Verkettung** der beiden Spulen bezeichnet.

Unter dieser Voraussetzung und unter den Annahmen, die bei der Ableitung des Faktors der Selbstinduktion getroffen wurden, kann geschrieben werden:

$$u_2 = N_2 N_1 \frac{\mu A}{l_m} \frac{di_1}{dt} \tag{11.16}$$

In dieser Gleichung werden die Konstanten zusammengefaßt zu

$$M = N_1 N_2 \frac{\mu A}{l_m} \tag{11.17}$$

Der Faktor M ist unter den getroffenen Voraussetzungen konstant und heißt **Faktor der Gegeninduktion**.

Mit dem Bild 11.13 sollen die Verhältnisse bei nicht idealer Verkettung erläutert werden. Im Teil a des Bildes sind zwei Leiterschleifen gezeichnet. Die Schleife 1 sei vom Strom durchflossen. Von ihr geht der Fluß Φ_1 aus, aber nur der Teil Φ_{12} davon durchsetzt die Schleife 2. Nur der Fluß Φ_{12} ist mit der Schleife 2 verkettet. Es heißt Φ_1 der Gesamtfluß, Φ_{12} der Nutz- oder Hauptfluß. Der Teil des Gesamtflusses, der nur mit der Schleife 1 verkettet ist, heißt Streufluß.

Die in der Spule 2 induzierte Spannung ist:

$$u_2 = M \frac{d\Phi_{12}}{dt} \tag{11.18}$$

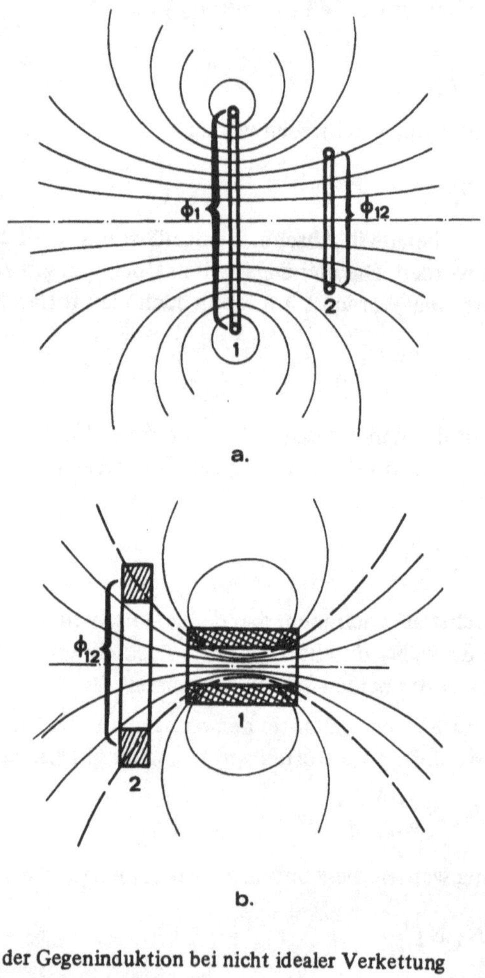

Bild 11.13 Vorgang der Gegeninduktion bei nicht idealer Verkettung

Im Teil 11.13b sind diese Verhältnisse für zwei ausgedehnte Spulen gezeichnet. Beide Spulen sind geschnitten dargestellt. Die Zylinderspule mit Windungszahl N_1 ist die erregende Spule und wird vom Strom i_1 durchflossen. Die in der Flachspule mit der Windungszahl N_2 induzierte Spannung u_2 soll betrachtet werden. Wie auch hier die eingezeichneten Flußlinien zeigen, durchsetzt nicht der gesamte von der Spule N_1 erregte Fluß die Spule N_2. Nur ist hier die Definition eines gesamten Spulenflusses nicht möglich. Es kann nur mit mittleren Spulenflüssen gerechnet werden. Im Bild 11.13b ist die Begrenzung des mittleren Nutzflusses Φ_{12} durch unterbrochene Linien gekennzeichnet.

Der Zustand der nicht vollständigen Flußverkettung, der im wesentlichen durch die geometrische Anordnung der Spulen bedingt ist, wird allgemein mit Streuung bezeichnet. Sein Einfluß kann durch den Kopplungsfaktor k berücksichtigt werden. Wird der Faktor der Gegeninduktion bei idealer Verkettung zweier Spulen mit M_{tot} bezeichnet, dann ist der tatsächlich vorhandene Faktor der Gegeninduktion

$$M = k\, M_{tot} \tag{11.19}$$

In dieser Beziehung kann der Faktor k die Werte zwischen 0 und 1 je nach der geometrischen Anordnung annehmen.

Ein System zweier verketteter Schleifen oder Spulen ist gekennzeichnet durch die Induktivität der einzelnen Schleifen oder Spulen L_1, L_2 und durch die Gegeninduktivität M. Diese Faktoren sind nicht voneinander unabhängig. Im Folgenden soll dieser Zusammenhang näher untersucht werden. Dazu wird noch einmal auf das Bild 11.13 und zunächst auf 11.13a eingegangen. Es soll angenommen werden, daß der Fluß in einem magnetischen Kreis geführt wird, für dessen Material μ_r = konst. gilt. Es sei angenommen, daß zunächst nur in 1 ein Strom i_1 fließt, die Schleife 2 offen ist. Die Schleife 1 erzeugt den Gesamtfluß Φ_1. Ein Teil davon, Φ_{12}, durchsetzt die Schleife 2. Die in den Schleifen induzierten Spannungen sind:

$$\text{Schleife 1:} \qquad u_1 = \frac{d\Phi_1}{dt}$$

$$\text{Schleife 2:} \qquad u_2 = \frac{d\Phi_{12}}{dt}$$

Wegen der Stoffeigenschaften μ_r = konst. sind Fluß und erregender Strom linear miteinander verknüpft. Es folgt mit (11.14) und (11.17)

$$u_1 = L_1 \frac{di_1}{dt}; \qquad u_2 = M_{12} \frac{di_1}{dt} \tag{11.20}$$

Allgemein ist wegen $\Phi_{12} < \Phi_1$ auch $u_2 < u_1$.

Wird jetzt angenommen, daß die Schleife 2 allein einen Strom i_2 führt, so gilt:

$$u_2 = \frac{d\Phi_2}{dt}, \qquad u_1 = \frac{d\Phi_{21}}{dt} \tag{11.21}$$

$$u_2 = L_2 \frac{di_2}{dt}; \qquad u_1 = M_{21} \frac{di_2}{dt} \tag{11.22}$$

Werden die Leiterschleifen durch Spulen mit den Windungszahlen N_1 und N_2 ersetzt, die Voraussetzung μ_r = konst. aufrecht erhalten, so gilt (Bild 11.13b)

$$\begin{aligned} u_2 &= N_2 \frac{d\Phi_{12}}{dt} = M_{12} \frac{di_1}{dt} \\ u_1 &= N_1 \frac{d\Phi_{21}}{dt} = M_{21} \frac{di_2}{dt} \end{aligned} \tag{11.23}$$

Die Flüsse Φ_{12} und Φ_{21} sind in (11.23), da jetzt Spulen betrachtet werden, die mittleren Windungsflüsse.

In der Aufgabe 11.46 wird nachgewiesen, daß:

$$M_{12} = M_{21} = M \tag{11.24}$$

Es soll zunächst die vollständige Verkettung betrachtet werden. Dann gilt $\Phi_1 = \Phi_{12}$ und $\Phi_2 = \Phi_{21}$.

Es folgt aus den bisherigen Beziehungen:

$$\begin{aligned} u_2 &= M \frac{di_1}{dt} = N_2 \frac{d\Phi_1}{dt} = \frac{N_2}{N_1} L_1 \frac{di_1}{dt} \\ u_1 &= M \frac{di_2}{dt} = N_1 \frac{d\Phi_2}{dt} = \frac{N_1}{N_2} L_2 \frac{di_2}{dt} \end{aligned} \tag{11.25}$$

Über $M = \frac{N_2}{N_1} L_1 = \frac{N_1}{N_2} L_2$ folgt für den Fall der vollständigen Verkettung beider Spulen:

$$M = \sqrt{L_1 L_2} \tag{11.26}$$

Dieser Zusammenhang besteht zwischen den Induktivitäten der einzelnen Spulen L_1, L_2 und der Gegeninduktivität M. Er stellt zugleich den größten Wert dar, den M annehmen kann.

Liegt keine vollständige Verkettung vor, sind also $\Phi_1 > \Phi_{12}$ und $\Phi_2 > \Phi_{21}$, so gilt

$$M < \sqrt{L_1 L_2} \tag{11.27}$$

Der mit (11.19) eingeführte Kopplungsfaktor ergibt sich dann zu:

$$k = \frac{M}{\sqrt{L_1 L_2}} \tag{11.28}$$

Bei der Verkettung von Leiterschleifen (Bild 11.13 a, N = 1) kann der Gesamtfluß Φ_1 in den Nutzfluß Φ_{12} und den Streufluß Φ_{1s} zerlegt werden. Dementsprechend kann eine Nutz- oder Hauptinduktivität L_{12} und eine Streuinduktivität L_{1s} definiert werden:

$$L_{12} = \frac{\Phi_{12}}{i_1} \qquad L_{1s} = \frac{\Phi_{1s}}{i_1} \tag{11.29}$$

Da Nutz- und Streufluß den Gesamtfluß ergeben, gilt auch

$$L_1 = L_{12} + L_{1s} \qquad L_2 = L_{21} + L_{2s} \tag{11.30}$$

Die Zerlegung des Gesamtflusses ist bei ausgedehnten Spulen (Bild 11.13 b) nicht so einfach möglich. Im Fall der ausgedehnten Spulen kann nur mit den mittleren Windungsflüssen gerechnet werden.

Die in der jeweils stromlosen Spule induzierte Spannung ist

$$\begin{aligned} u_1 &= N_1 \frac{d\Phi_{21}}{dt} = \frac{N_1}{N_2} L_{21} \frac{di_2}{dt} = M \frac{di_2}{dt} \\ u_2 &= N_2 \frac{d\Phi_{12}}{dt} = \frac{N_2}{N_1} L_{12} \frac{di_1}{dt} = M \frac{di_1}{dt} \end{aligned} \tag{11.31}$$

Die Flüsse Φ_{21} und Φ_{12} sind die mittleren Spulenflüsse und als solche Rechengrößen. Aus (11.31) folgt:

$$\begin{aligned} L_{12} &= \frac{N_1}{N_2} M \qquad L_{21} = \frac{N_2}{N_1} M \\ M &= \sqrt{L_{12} L_{21}} \end{aligned} \tag{11.32}$$

Bei ausgedehnten Spulen ist die Gegeninduktivität M nach (11.32) aus den Hauptinduktivitäten L_{12}, L_{21} zu berechnen.

Die Addition der Induktivitäten kann nach (11.30) beibehalten bleiben, so daß sich ergibt

$$\begin{aligned} L_{1s} &= L_1 - L_{12} = L_1 - \frac{N_1}{N_2} M \\ L_{2s} &= L_2 - L_{21} = L_2 - \frac{N_2}{N_1} M \end{aligned} \tag{11.33}$$

Bei einer Spulenanordnung zweier verketteter Spulen kann die Selbstinduktivität (L_1, L_2) gebildet werden aus der Summe der Hauptinduktivitäten (L_{12}, L_{21}) und der Streuinduktivitäten (L_{1s}, L_{2s}).

Wird in (11.33) der Faktor der Gegeninduktion bei vollständiger Verkettung M_{tot} eingeführt, so läßt sich die Streuinduktivität unter Benutzung des Kopplungsfaktors k auch schreiben:

$$L_{1s} = L_1(1 - k) \qquad L_{2s} = L_2(1 - k) \tag{11.34}$$

11.3 Energie im magnetischen Feld

Zunächst soll die in einer Spule gespeicherte Energie berechnet werden. Dazu wird eine Spule mit L = konst. angenommen. Ferner sei der Widerstand der Wicklung Null. Dann ist die gesamte Energie im Magnetfeld der Spule gespeichert. Mit Hilfe der Größen u_L und i an den Klemmen der Spule kann die Änderung der Energie in der Zeit von t_1 bis t_2 ausgedrückt werden:

$$\Delta W = \int_{t_1}^{t_2} u_L \, i \, dt \tag{11.35}$$

Wird die Beziehung (2.17) angewendet, so ergibt sich aus (11.35):

$$\Delta W = L \int_{i_1}^{i_2} i \, di \tag{11.36}$$

$$\Delta W = \frac{L}{2} (i_2^2 - i_1^2) \tag{11.37}$$

Die Gleichung (11.37) sagt aus, daß sich die Energie in einer Spule um den Betrag ΔW ändert, wenn sich der Strom vom Wert i_1 in den Wert i_2 ändert.

Soll der Gesamtbetrag der in einer Spule gespeicherten Energie ausgedrückt werden, so ist in (11.37) $i_1 = 0$ und $i_2 = i$ einzusetzen:

$$W = \frac{L}{2} i^2 \tag{11.38}$$

Bisher wurde die Energie der Spule mit Hilfe der an den Anschlußklemmen des Bauelements vorhandenen elektrischen Größen ausgedrückt. Jetzt soll das mit Hilfe der Feldgrößen des magnetischen Feldes erfolgen.

Veranschaulicht soll das wieder an einem magnetischen Kreis werden, wie er im Bild 11.14 dargestellt ist.

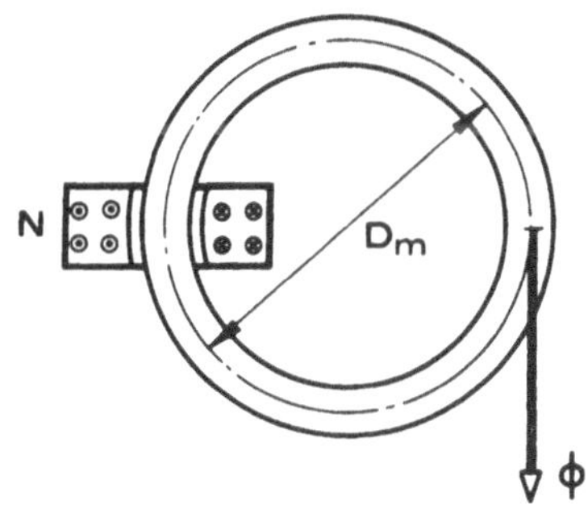

Bild 11.14 Zur Energie des magnetischen Kreises

Folgende Voraussetzungen sollen gelten:

Durchmesserabmessungen groß gegenüber den Querschnittabmessungen. Wicklungswiderstand Null; $\mu_r \neq$ konst.; $l_m = \pi D_m$

Wegen dieser Voraussetzungen gelten die im Abschn. 10.3 abgeleiteten Beziehungen (10.15) und (10.16) und bei Anwendung des Induktionsgesetzes kann geschrieben werden:

$$\Delta W = \int_{t_1}^{t_2} u_L \, i \, dt = l_m \, A \int_{B_1}^{B_2} H \, dB \tag{11.39}$$

Die Gleichung (11.39) gibt die Änderung der Energie in einem bestimmten magnetischen Kreis an (mittlere Feldlinienlänge l_m, Querschnittsfläche A), wenn sich die Magnetflußdichte von B_1 nach B_2 ändert.

Die gesamte Energie dieses Feldes mit den Feldgrößen H und B wird aus (11.39) mit $B_1 = 0$ und $B_2 = B$ gewonnen:

$$W = l_m \, A \int_0^B H \, dB \tag{11.40}$$

Da l_m A das Volumen des betrachteten Feldes bezeichnet, kann für die Energiedichte des magnetischen Feldes geschrieben werden:

$$\frac{W}{V} = \int_0^B H \, dB \tag{11.41}$$

Für den Fall eines Stoffes mit μ_r = konst. sind H und B linear miteinander verknüpft und das Integral in (11.41) kann gelöst werden. Dann gilt:

$$\frac{W}{V} = \frac{1}{2} H \, B \tag{11.42}$$

11.4 Aufgaben zum Abschnitt 11

Aufgabe 11.41

Die Induktivität der Drosselspule, deren magnetischer Kreis in der Aufgabe 10.45 untersucht wurde, soll für den gegebenen magnetischen Zustand berechnet werden.

Aufgabe 11.42

An der Wicklung eines Ringkerns mit den skizzierten Abmessungen und der Windungszahl N = 1 liegt eine konstante Spannung U = 0,1 V. Welche Zeit ist erforderlich, um den Kern von der positiven Sättigung bis in die negative Sättigung umzumagnetisieren? Die Sättigungsinduktion betrage $B_s = 0{,}13$ T.

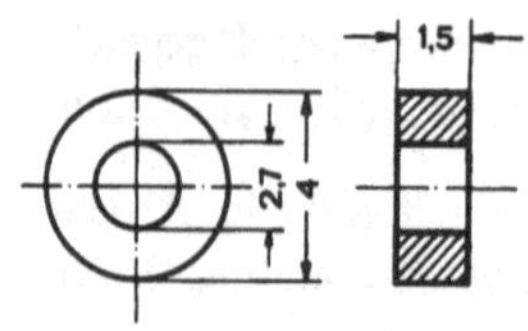

(Maße in mm)

Aufgabe 11.43

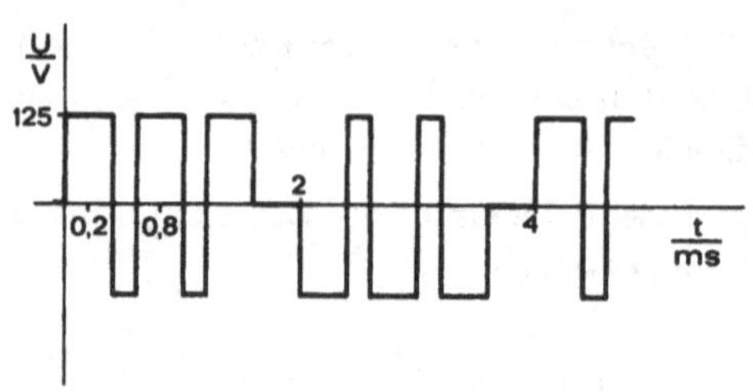

Die skizzierte Spannung liegt an einer Spule mit geschlossenem Eisenkern, deren ohmscher Widerstand vernachlässigt werden soll. Welche Windungszahl muß vorgesehen werden, wenn der wirksame Eisenquerschnitt 840 mm^2 beträgt und die Induktion den Wert 0,8 T nicht überschreiten soll?

Aufgabe 11.44

Die beiden Leiter 3 und 3′ werden wie skizziert mit gleichbleibendem Abstand durch das homogene Feld bewegt. (Es ist diese Anordnung mit der des Bildes 11.4 zu vergleichen.)

Wie groß ist die zwischen den Klemmen 1 und 2 auftretende Spannung?

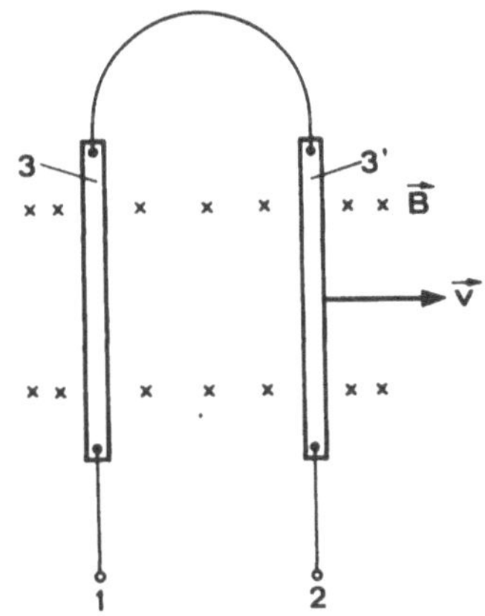

Aufgabe 11.45

Es liegen zwei Drosselspulen mit den Induktivitäten L_1 und L_2 vor, die außerdem gegeneinander mit einem Faktor M verkettet sind. Es ist jeweils die Ersatzinduktivität für die Reihen- und die Parallelschaltung der Induktivitäten zu berechnen.

Aufgabe 11.46

Durch eine Betrachtung der im Magnetfeld gespeicherten Energie zweier miteinander verketteter Schleifen oder Spulen soll die Gleichheit von M_{21} und M_{12} nachgewiesen werden.

Aufgabe 11.47

Zwei Spulen, deren Wicklungswiderstände mit R_1 und R_2, deren Induktivitäten mit L_1 und L_2 und deren Windungszahlen mit N_1 und N_2 bezeichnet sind, sind miteinander verkettet. Der Faktor der Gegeninduktion sei M. Sie sind dabei galvanisch von einander getrennt.

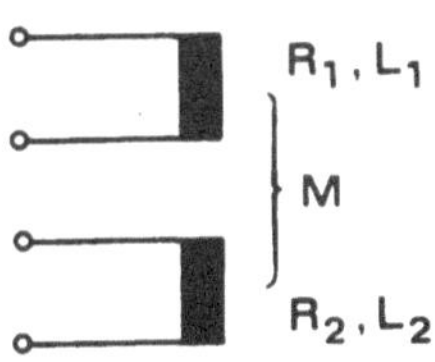

Es sind die Gleichungen der Spannungen und Ströme in den einzelnen Spulen aufzustellen. Es soll mit der leerlaufenden Spule 2 begonnen und Speisung mit sinusförmiger Spannung angenommen werden.

Aufgabe 11.48

Die Energiedichte eines Magnetfeldes in Luft mit einer Flußdichte von 1,5 T soll berechnet und mit der eines elektrostatischen Feldes in Luft mit einer Feldstärke von $3 \cdot 10^6 \ \frac{V}{m}$ verglichen werden.

Aufgabe 11.49

Es ist die Energieänderung bei der Ummagnetisierung eines ferromagnetischen Stoffes unter Berücksichtigung des Hysterese-Effektes zu untersuchen. Das Ergebnis soll im Diagramm der Magnetisierungskurve dargestellt werden.

Lösungen der Aufgaben zum Abschnitt 11

Aufgabe 11.41

Nach (11.14) und den Beziehungen des Abschn. 10.3 ist:

$$L = N^2 \frac{\mu A}{l_m}$$

Bei der vorliegenden Drosselspule setzt sich der gesamte magnetische Widerstand aus den in Reihe geschalteten Teilen des Eisenweges und des Luftspaltes zusammen:

$$R_{mag\,L} = \frac{l_{mL}}{\mu_0 A} = \frac{2 \cdot 10^{-3}}{1{,}256 \cdot 10^{-6}\ 4 \cdot 10^{-4}} \frac{A}{Vs} = 3{,}98 \cdot 10^6 \frac{A}{Vs}$$

$$R_{mag\,Fe} = \frac{V_{Fe}}{\Phi} = \frac{0{,}8 \cdot 10^3}{555 \cdot 10^{-6}} \frac{A}{Vs} = 1{,}44 \cdot 10^6 \frac{A}{Vs}$$

$$L = \frac{10^6}{5{,}42 \cdot 10^6} \frac{Vs}{A} = 0{,}184\ H$$

Es sei nochmals festgehalten, daß dieser Induktivitätswert nur für den vorliegenden Flußwert gilt.

Aufgabe 11.42

Da die Spannung an der Wicklung konstant ist, lautet das Induktionsgesetz:

$$U = N \frac{\Delta\Phi}{\Delta t}$$

Im vorliegenden Fall ist N = 1; A = 0,975 mm^2

$$\Delta\Phi = 2\ B_S\ A = 0{,}254 \cdot 10^{-6}\ Vs$$

$$\Delta t = 2{,}54\ \mu s$$

Aufgabe 11.43

Es kann die Beziehung (11.10) angewendet werden. Sie stellt den Zusammenhang zwischen der Spulenspannung und ihrer Frequenz und den Konstruktionsgrößen der Spule (Windungszahl, Eisenquerschnitt, Maximalwert der Induktion) für den Fall der Wechselspannung dar.

Aus dem Zeitverlauf der Spannung wird abgelesen:

Frequenz:	$f = 250\ \text{Hz}$
Arithmetischer Mittelwert einer halben Periode:	$\overline{U}_{\frac{T}{2}} = 50\ \text{V}$

$$N = \frac{\overline{U}_{\frac{T}{2}}}{4\, f\, A_{Fe}\, \hat{B}} = \frac{50\ \text{Vs}}{4 \cdot 2{,}5 \cdot 10^2\ 840 \cdot 10^{-6} \cdot 0{,}8\ \text{Vs}} = 74{,}4$$

Für die Spule sollten 75 Windungen gewählt werden.

Aufgabe 11.44

Sowohl im Leiter 3 als auch in 3′ tritt eine Feldstärke auf.

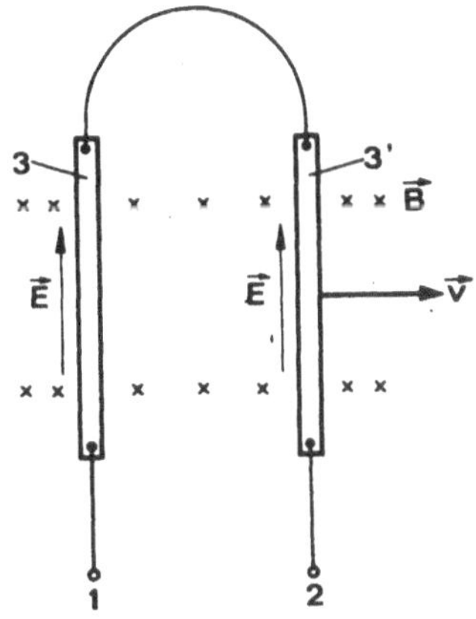

Beide Leiter sind durch die Verbindungen zu einer Schleife zusammengeschaltet. Der Umlauf in dieser Schleife ($\int_1^2 E\, ds$) ergibt den Wert Null, da die Beiträge der Feldstärken gleich sind. Zwischen den Klemmen 1 und 2 tritt keine Spannung auf.

Aufgabe 11.45

Bei der symbolischen Darstellung von Spulen werde eine rechtsgängige Wicklung vorausgesetzt. Dann gibt die Richtung des Stromes im Schaltbild zugleich die Richtung des Magnetflusses an.

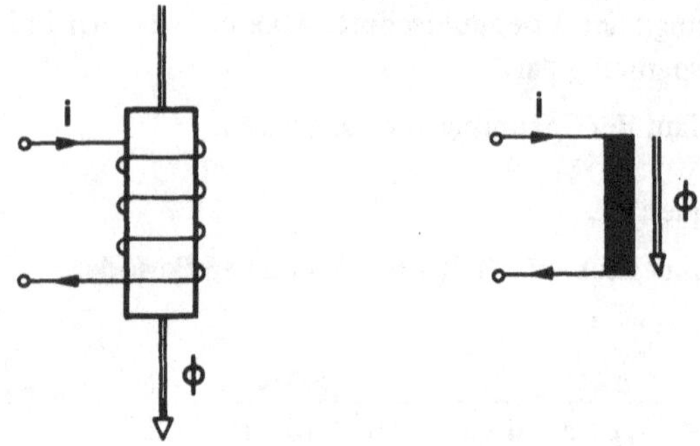

In der folgenden Skizze sind die vier Schaltungsmöglichkeiten zusammengestellt.

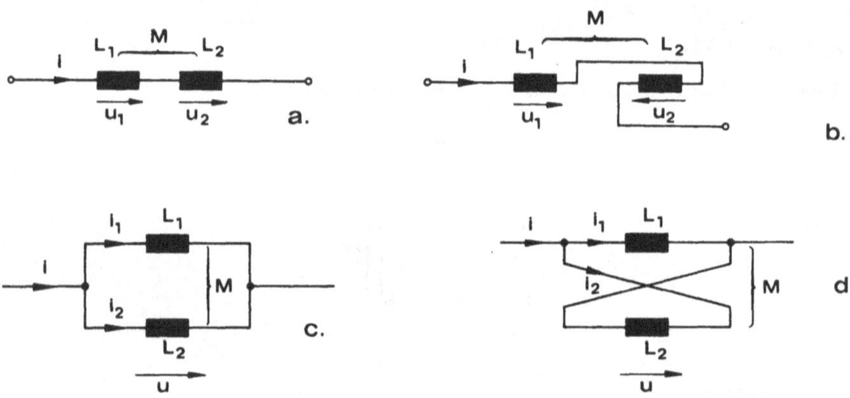

Sind die Induktivitäten gleichsinnig in Reihe geschaltet (in jeder Spule hat die von der anderen Spule induzierte Spannung dieselbe Richtung wie die Spannung der Selbstinduktion) Skizze a, so ergibt sich:

$$u = u_1 + u_2 = L_1 \frac{di}{dt} + M \frac{di}{dt} + L_2 \frac{di}{dt} + M \frac{di}{dt}$$

Äquivalente Ersatzinduktivität:

$$u = L_{ers} \frac{di}{dt}$$

$$L_{ers} = L_1 + L_2 + 2\,M$$

Bei gegensinniger Verkettung (der Anteil der Spannung aus der Gegeninduktion ist der Spannung der Selbstinduktion entgegengesetzt gerichtet) Skizze b:

$$L_{ers} = L_1 + L_2 - 2\,M$$

Es sind die Ergebnisse aus diesen Beziehungen für den Fall M = 0 mit denen des Abschn. 3.5 zu vergleichen.

Für den Fall der gleichsinnigen Parallelschaltung (Skizze c) gilt der Ansatz:

$$u = L_1 \frac{di_1}{dt} + M \frac{di_2}{dt} = L_2 \frac{di_2}{dt} + M \frac{di_1}{dt}$$

Für den Fall der gegensinnigen Parallelschaltung (Skizze d):

$$u = L_1 \frac{di_1}{dt} - M \frac{di_2}{dt} = L_2 \frac{di_2}{dt} - M \frac{di_1}{dt}$$

Für die äquivalente Induktivität soll gelten:

$$u = L_{ers} \frac{di}{dt} \quad \text{mit} \quad i = i_1 + i_2$$

Damit folgt:

$$\frac{1}{L_{ers}} \int u\, dt = \frac{1}{L_1 \mp M} (\int u\, dt \mp i M) + \frac{1}{L_2 \mp M} (\int u\, dt \mp i M)$$

$$\frac{1}{L_{ers}} = \frac{1}{L_1 \mp M} (1 \mp \frac{M}{L_{ers}}) + \frac{1}{L_2 \mp M} (1 \mp \frac{M}{L_{ers}})$$

$$L_{ers} = \frac{L_1 L_2 - M^2}{L_1 + L_2 \mp 2M}$$

Hierbei gilt das obere Vorzeichen für gleich-, das untere Vorzeichen für gegensinnige Verkettung.

Für den Fall unverketteter Spulen ($M = 0$) geht aus dieser Beziehung das bereits im Abschn. 3.5 abgeleitete Ergebnis hervor.

Sind zwei gleichgroße Spulen ($L_1 = L_2 = L$) parallel geschaltet, so gilt:

$$L_{ers} = \frac{1}{2} (L \pm M)$$

Wird jetzt weiter der Fall idealer Verkettung ($M = \sqrt{L_1 L_2}$) angenommen, so folgt für die Ersatzinduktivität

$L_{ers} = L$ bei gleichsinniger

$L_{ers} = 0$ bei gegensinniger Parallelschaltung

Aufgabe 11.46

Der Betrachtung sei das Bild 11.13a zugrunde gelegt. Für ausgedehnte Spulen gilt die Überlegung dann, wenn mit den mittleren Spulenflüssen gerechnet wird.

Die Schleifen bzw. Spulen seien durch die Induktivitäten L_1 und L_2 gekennzeichnet. Sie seien als widerstandsfrei angenommen.

Es sei ausgegangen von einem Zustand, bei dem L_1 vom konstanten Strom I_1 durchflossen ist und L_2 stromlos ist. Dieser wird erreicht durch Ändern des Stromes I_1 vom Wert 0 auf den Wert I_1, ohne daß in L_2 Strom fließt.

$$\text{Energie des Feldes: } W_1 = \frac{L_1}{2} I_1^2$$

Steigt der Strom in L_2 mit einer Änderungsgeschwindigkeit $\frac{di_2}{dt}$ auf den Endwert I_2, dann ändern sich sowohl Φ_2 als auch Φ_{21}. Wegen der mit der Flußänderung verbundenen induzierten Spannung ändert sich die Energie während der Zeit dt um den Betrag:

$$d\,W_M = M_{21} \frac{di_2}{dt} I_1\, dt$$

Beim Endzustand beträgt der Änderungsbetrag der Energie:

$$W_M = M_{21}\, I_1 \int_0^{I_2} di_2 = M_{21}\, I_1\, I_2$$

Die Induktivität L_2 besitzt zu diesem Zeitpunkt eine Energie:

$$W_2 = \frac{L_2}{2} I_2^2$$

Die Energie im gesamten System beträgt:

$$W = W_1 + W_2 + W_M = \frac{L_1}{2} I_1^2 + \frac{L_2}{2} I_2^2 + M_{21}\, I_1\, I_2$$

Wird diese Betrachtung so ausgeführt, daß in L_2 mit dem konstantem Strom I_2 begonnen wird und in L_1 der Strom auf den Wert I_1 gesteigert wird, dann ist die im System gespeicherte Energie:

$$W = \frac{L_1}{2} I_1^2 + \frac{L_2}{2} I_2^2 + M_{12}\, I_1\, I_2$$

Da in beiden Fällen die Energiebeträge im Endzustand übereinstimmen müssen, gilt:

$$M_{21} = M_{12} = M$$

Aufgabe 11.47

Im folgenden Bild sind die beiden Spulen einmal symbolisch und zum anderen so gezeichnet, wie sie im Modell aufgebaut werden könnten. Es wird angenommen, daß an die Spule 1 eine Spannungsquelle und an die Spule 2 ein Widerstand als Verbraucher angeschlossen wird. Dann stellt das Spulensystem eine Gegeninduktivität dar, wie sie als Transformator genutzt werden kann. Die Zählpfeile werden entsprechend eingezeichnet.

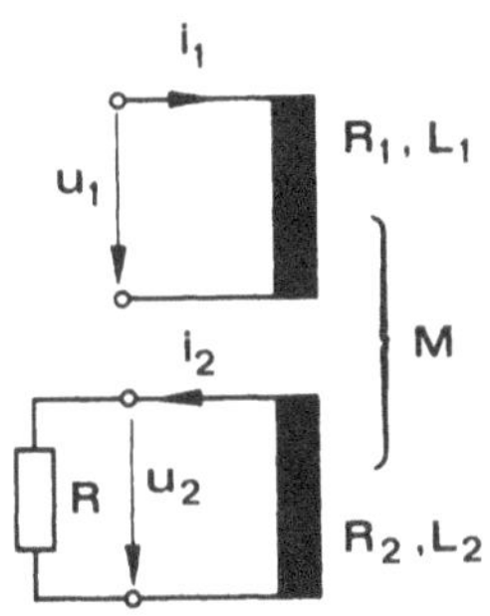

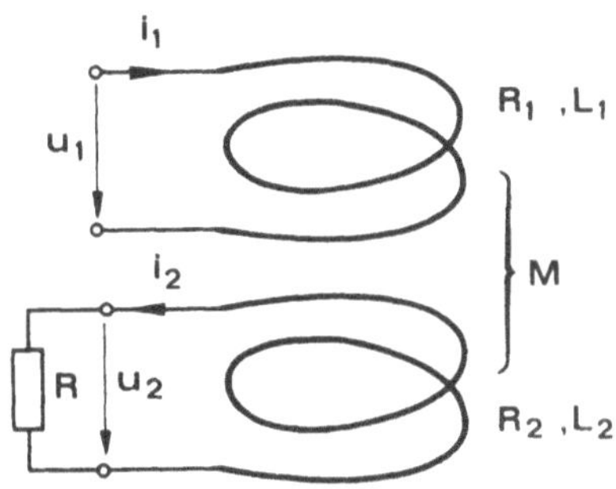

Es sei zunächst die Spule 2 unbelastet angenommen:

$$u_2 = M \frac{di_1}{dt}; \qquad u_1 = R_1 i_1 + L_1 \frac{di_1}{dt}$$

Wird die Spule 2 mit dem Widerstand R abgeschlossen:

$$u_2 + i_2 R_2 + L_2 \frac{di_2}{dt} - M \frac{di_1}{dt} = 0$$

$$-u_1 + i_1 R_1 + L_1 \frac{di_1}{dt} - M \frac{di_2}{dt} = 0$$

Es sei angenommen, daß die Spannungen und Ströme sinusförmig sind, dann kann geschrieben werden:

$$\underline{U}_2 + \underline{I}_2 R_2 + j\omega L_2 \underline{I}_2 - j\omega M \underline{I}_1 = 0$$

$$-\underline{U}_1 + \underline{I}_1 R_1 + j\omega L_1 \underline{I}_1 - j\omega M \underline{I}_2 = 0$$

Etwas umgestellt:

$$\underline{U}_1 = R_1 \underline{I}_1 + j\omega L_1 \underline{I}_1 - j\omega M \underline{I}_2$$

$$\underline{U}_2 = -R_2 \underline{I}_2 - j\omega L_2 \underline{I}_2 + j\omega M \underline{I}_1$$

Die erste dieser Gleichungen wird ergänzt

$$\underline{U}_1 = R_1 \underline{I}_1 + \underline{I}_1 j\omega \left(L_1 - \frac{N_1}{N_2} M\right) + j\omega \frac{N_1}{N_2} M \left(\underline{I}_1 - \frac{N_2}{N_1} \underline{I}_2\right)$$

Mit (11.33) kann dann eine Streuinduktivität eingeführt werden. Außerdem soll zur Abkürzung geschrieben werden:

$$\frac{N_1}{N_2} M = M'; \qquad \frac{N_2}{N_1} \underline{I}_2 = \underline{I}'_2$$

Damit wird die Gleichung für die Spannung U_1 geschrieben:

$$\underline{U}_1 = R_1 \underline{I}_1 + \underline{I}_1 j\omega L_{1s} + j\omega M' (\underline{I}_1 - \underline{I}'_2)$$

In entsprechender Weise wird die Gleichung für die Spannung $\underline{U}_2$ ergänzt und erweitert:

$$\underline{U}_2 \frac{N_1}{N_2} = - R_2 \left(\frac{N_1}{N_2}\right)^2 \underline{I}_2 \frac{N_2}{N_1} - \underline{I}_2 \frac{N_2}{N_1} j\omega \left(\frac{N_1}{N_2}\right)^2 L_2$$

$$+ \underline{I}_2 \frac{N_2}{N_1} j\omega \left(\frac{N_1}{N_2}\right)^2 \frac{N_2}{N_1} M + j\omega \frac{N_1}{N_2} M \underline{I}_1 - \underline{I}_2 \frac{N_2}{N_1} j\omega \frac{N_1}{N_2} M$$

Wird eingeführt:

$$R_2 \left(\frac{N_1}{N_2}\right)^2 = R'_2; \qquad L_{2s} \left(\frac{N_1}{N_2}\right)^2 = L'_{2s}$$

$$\underline{U}_2 \frac{N_1}{N_2} = \underline{U}'_2$$

dann lautet die Gleichung für die Spannung $\underline{U}_2$:

$$\underline{U}'_2 = - R'_2 \underline{I}'_2 - I'_2 j\omega L'_{2s} + j\omega M' (\underline{I}_1 - \underline{I}'_2)$$

Das Ergebnis der Aufgabe lautet:

$$\underline{U}_1 = R_1 \underline{I}_1 + \underline{I}_1 j\omega L_{1s} + j\omega M' (\underline{I}_1 - \underline{I}'_2)$$

$$\underline{U}'_2 = - R'_2 \underline{I}'_2 - \underline{I}'_2 j\omega L'_{2s} + j\omega M' (\underline{I}_1 - \underline{I}'_2)$$

Die mit einem $'$ gekennzeichneten Größen sind die mit dem Windungszahlverhältnis $\frac{N_1}{N_2}$ umgerechneten Größen. Wird die Spule 1 Primärspule und die Spule 2 Sekundärspule genannt, dann stellen die mit $'$ gekennzeichneten Größen die auf die Primärseite umgerechneten Größen der Sekundärseite dar.

Bemerkenswert ist, daß in den Gleichungen für $\underline{U}_1$ und $\underline{U}'_2$ nur die Streuinduktivitäten und die Gegeninduktivität enthalten sind.

Es kann ein einfaches Ersatzbild angegeben werden, das die beiden Gleichungen befriedigt.

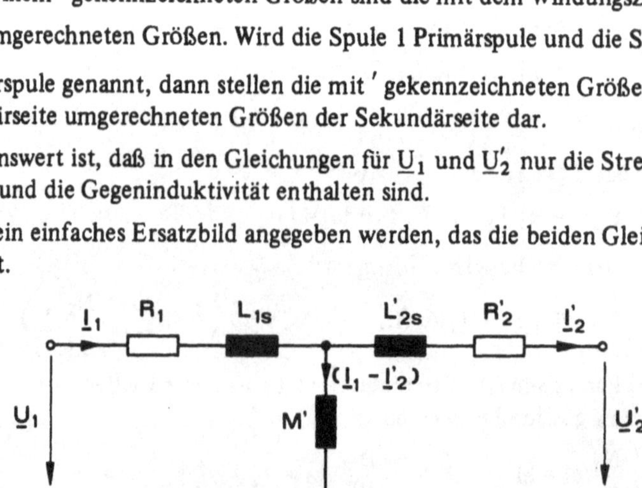

Diese Schaltung ersetzt – allerdings nur für die durch ′ gekennzeichneten Rechengrößen – die Anordnung der zwei verketteten Spulen. Es stellt das Ersatzschaltbild eines Lufttransformators dar.

Aus diesem Ersatzbild geht das Verhalten des idealen Lufttransformators hervor. Ideale Eigenschaften bedeutet:

Keine Wicklungswiderstände: $R_1 = R_2 = 0$

Keine Streuung: $L_{1s} = L_{2s} = 0$

Kein magnetischer Widerstand: $R_{mag} = 0$; $M \to \infty$

Dafür gilt dann:

$$\underline{U}_1 = \underline{U}_2' \qquad \frac{U_1}{U_2} = \frac{N_1}{N_2}$$

$$\underline{I}_1 = \underline{I}_2' \qquad \frac{I_1}{I_2} = \frac{N_2}{N_1}$$

Sollen in einem Ersatzschaltbild die realen Sekundärgrößen berücksichtigt werden, so muß noch ein idealer Transformator (Windungszahlen N_1 und N_2) hinzugefügt werden:

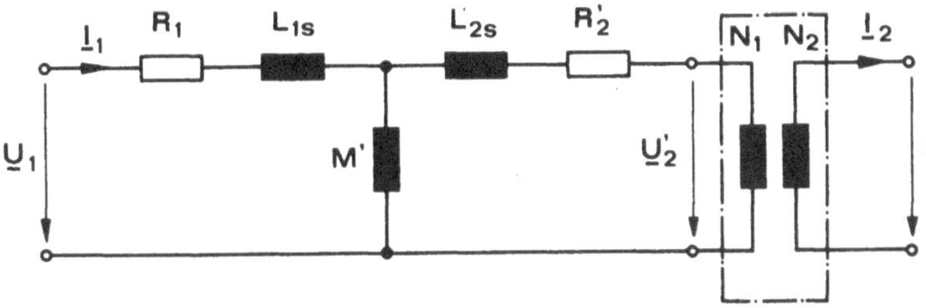

Aufgabe 11.48

Für das Magnetfeld in Luft ist μ = konst. erfüllt und die Beziehung (11.42) kann angewendet werden.

$$\frac{W_{mag}}{V} = \frac{1}{2}\frac{1}{\mu_0}B^2 \quad \text{mit} \quad B = 1{,}5\ \text{T}$$

$$\frac{W_{mag}}{V} = \frac{1}{2}\frac{10^6}{1{,}256}\frac{\text{Am}}{\text{Vs}}\,1{,}5^2\,\frac{\text{V}^2\,\text{s}^2}{\text{m}^4} = 0{,}897 \cdot 10^6\,\frac{\text{Ws}}{\text{m}^3}$$

Für das elektrostatische Feld in Luft gilt ϵ = konst. Die Beziehung (9.27) kann angewendet werden.

$$\frac{W_{el}}{V} = \frac{1}{2}\frac{1}{\epsilon_0}D^2 = \frac{1}{2}\epsilon_0 E^2 \quad \text{mit} \quad E = 3 \cdot 10^6\,\frac{\text{V}}{\text{m}}$$

$$\frac{W_{el}}{V} = \frac{1}{2}\,8{,}86 \cdot 10^{-12}\,\frac{\text{As}}{\text{Vm}}\,9 \cdot 10^{12}\,\frac{\text{V}^2}{\text{m}^2} = 39{,}9\,\frac{\text{Ws}}{\text{m}^3}$$

Die gewählten Werte für Flußdichte und Feldstärke stellen etwa die Maximalwerte der technischen Nutzung dar. Beim Magnetfeld werden ferromagnetische Stoffe im magnetischen Kreis angenommen. Die Rechnung zeigt das bemerkenswerte Ergebnis, daß die Energiedichte im Magnetfeld etwa um den Faktor 10^5 größer ist.

Aufgabe 11.49

Entsprechend der Beziehung (11.41) ist die auf das Volumen bezogene Energie im Magnetfeld durch die schraffierte Fläche im folgenden Bild darzustellen, wenn die vorhandene Flußdichte den Wert B_1 hat.

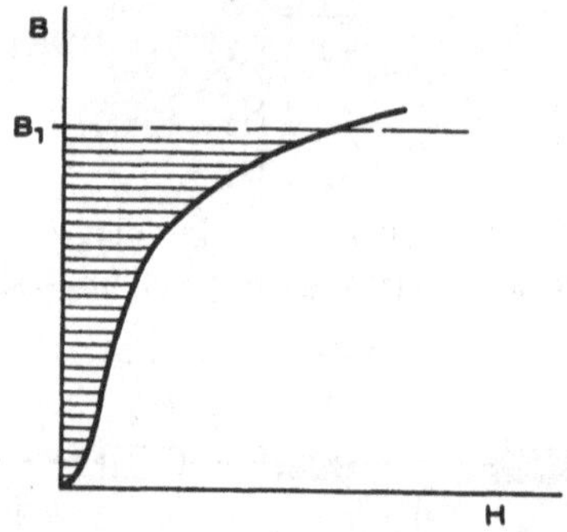

Wird jetzt die Eigenschaft der Hysterese berücksichtigt und eine halbe Ummagnetisierungsperiode betrachtet, dann verläuft die Aufmagnetisierung ($H = 0$ bis $H = H_1$) auf dem Kurvenast a, die Abmagnetisierung ($H = H_1$ bis $H = 0$) auf dem Ast b. Dementsprechend wird beim Aufbau des Feldes ein Energiebetrag je Volumeneinheit in das Feld eingebracht, der der schraffierten Fläche entspricht. Beim Abbau des Feldes wird ein Energiebetrag je Volumeneinheit frei, der der karierten Fläche entspricht.

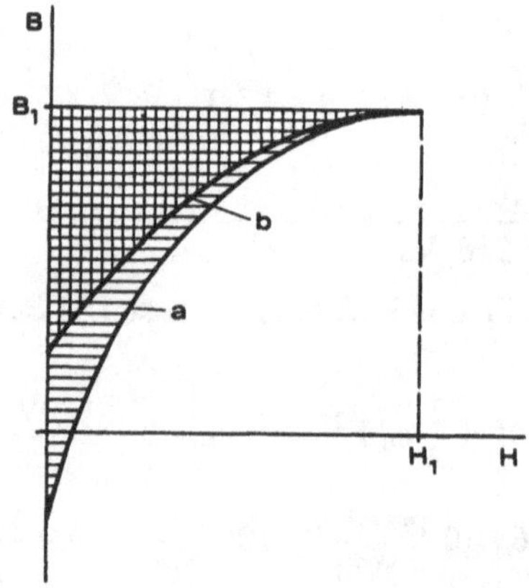

Als Verlust bleibt im Feld ein Betrag, der der Fläche der Schleife entspricht. Der Flächeninhalt der Hysterese-Schleife gibt den Energieverlust je Volumeneinheit an, der beim einmaligen Ummagnetisieren auftritt. Die hieraus abgeleitete Ummagnetisierungs- oder Hysterese-Verlustleistung ist der Frequenz direkt proportional.

12. Anwendung von Transistoren

In diesem Abschnitt wird der Transistor als Bauelement im Stromkreis betrachtet. Damit stehen seine Klemmeneigenschaften und sein elektrotechnisches Verhalten in Netzwerken im Vordergrund. Seine Eigenschaften werden in Diagrammen oder durch die Gleichungen seiner Spannungen und Ströme beschrieben. Auf seine Eigenschaften im halbleiterphysikalischen Sinn wird nicht näher eingegangen.

12.1 Aufbau des Transistors, Schaltbild, Diodenersatzschaltbild

Das aktive Element eines Transistors ist ein Stück eines Einkristalls, in dem sich drei Zonen mit unterschiedlichen Leitfähigkeiten ablösen. Diese unterschiedlichen Leitfähigkeiten werden durch gezieltes Einbringen verschiedener Ladungsträger in den Einkristall hergestellt (Dotieren des Halbleiter-Grundmaterials). Es werden positiv und negativ dotierte Zonen, p- und n-Zonen, unterschieden. Nach der möglichen Anordnung dreier Zonen werden npn- und pnp-Transistoren unterschieden.

Das Bild 12.1 zeigt in einer Darstellung des Querschnittes den prinzipiellen Aufbau eines Transistors.

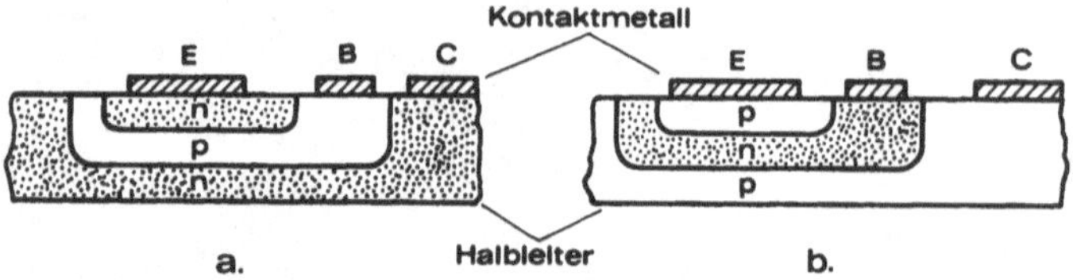

Bild 12.1 Prinzipieller Aufbau eines Transistors
a) npn-Transistor
b) pnp-Transistor

Die metallischen Kontakte der verschiedenen Zonen heißen:

Emitter (E), Basis (B), Kollektor (C).

Die Trennfläche zweier Zonen wird pn-Übergang genannt. Sie hat die Eigenschaft eines elektrischen Ventils und stellt eine Diode dar. Somit kann der Dreizonenaufbau eines Transistors als die Reihenschaltung zweier Dioden dargestellt werden. Das Bild 12.2 zeigt die beiden Dioden-Ersatzschaltbilder für einen npn- und einen pnp-Transistor. Daneben sind die Schaltsymbole eingezeichnet.

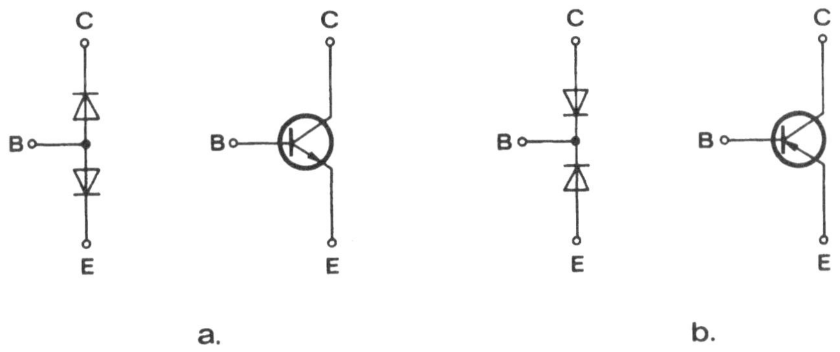

Bild 12.2 Dioden-Ersatzschaltbild und Schaltbild von Transistoren
a) npn-Transistor
b) pnp-Transistor

Im Normalbetrieb eines Transistors wird die Basis-Emitter-Diode in Durchlaßrichtung und die Kollektor-Basis-Diode in Sperrichtung betrieben. Das Grundprinzip besteht darin, daß die Kollektor-Basis-Diode ihre Sperrfähigkeit in Abhängigkeit vom Basis-Emitter-Strom verliert. Ein steigender Basis-Emitter-Strom macht die Kollektor-Emitter-Strecke immer stärker leitend. Diese Grundeigenschaft des Transistors wird in seinen Kennlinien dargestellt.

12.2 Kennlinien des Transistors

Die Transistoreigenschaften können in Form der Eingangs- und der Ausgangskennlinien angegeben werden. Dazu wird allgemein die Basis-Emitter-Strecke als Eingang und die Kollektor-Emitter-Strecke als Ausgang angesehen.

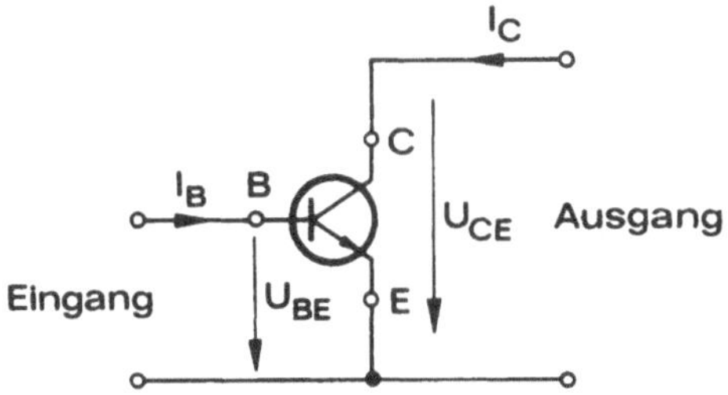

Bild 12.3 Zur Festlegung der Eingangs- und der Ausgangs-Kennlinien

Das Eingangs-Kennlinienfeld beschreibt die Abhängigkeit des Basisstromes von der Basis-Emitter-Spannung $I_B = f(U_{BE})$ mit der Kollektor-Emitter-Spannung U_{CE} als Parameter. Das Kennlinienfeld zeigt, daß dieser Parameter von geringem Einfluß ist.

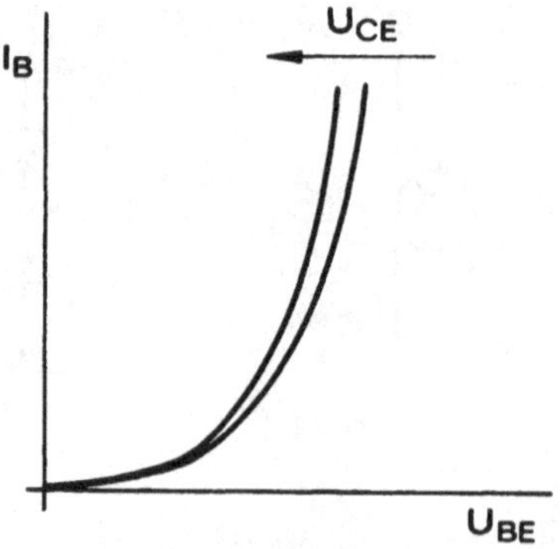

Bild 12.4 Eingangs-Kennlinienfeld eines Transistors

Die Abhängigkeit des Kollektorstromes von der Kollektor-Emitter-Spannung $I_C = f(U_{CE})$ mit dem Basisstrom I_B als Parameter stellt das Ausgangs-Kennlinienfeld eines Transistors dar.

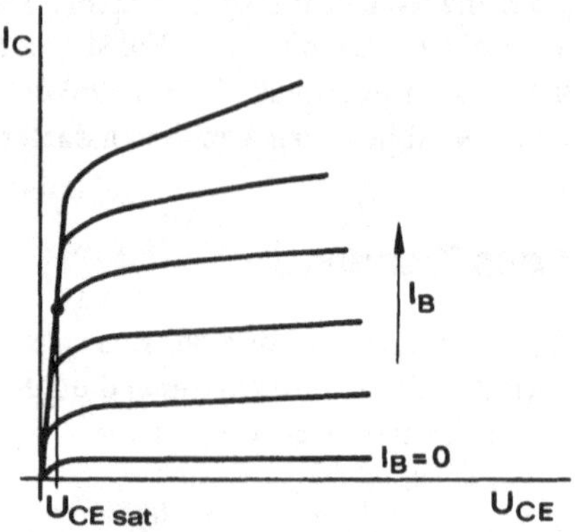

Bild 12.5 Ausgangs-Kennlinienfeld eines Transistors.

Ein besonderes Merkmal dieser Kennlinien ist der nahezu waagerechte Verlauf in einem weiten Bereich. In diesem Bereich, d. h. nach Überschreiten der sogenannten Sättigungsspannung $U_{CE\,sat}$, ist der Kollektorstrom angenähert von der Kollektor-Emitter-Spannung unabhängig. Die Sättigungsspannung wird für einen bestimmten Basisstrom angegeben. Sie beträgt:

0,1 . . . 0,2 V für Kleinsignal-Transistoren
0,5 . . . 1,0 V für Leistungs-Transistoren

Nach den Definitionen des Abschn. 6 wird ein differentieller Eingangswiderstand r_{BE} definiert:

$$r_{BE} = \frac{dU_{BE}}{dI_B}\Big|_{U_{CE} = \text{konst.}} \tag{12.1}$$

Mit dU_{BE} ist eine Änderung der Basis-Emitter-Spannung bei Änderung des Basisstromes um dI_B bezeichnet, während die Kollektor-Emitter-Spannung U_{CE} konstant ist.
Und entsprechend ein differentieller Ausgangswiderstand r_{CE}:

$$r_{CE} = \frac{dU_{CE}}{dI_C}\Big|_{I_B = \text{konst.}} \tag{12.2}$$

Werden die beiden Kennlinienfelder quantitativ ausgewertet, so zeigt sich, daß in der im Bild 12.3 dargestellten Schaltung der Kollektorstrom vom Basisstrom gesteuert, d. h. zwischen einem Minimalwert und einem Maximalwert verändert werden kann. Dabei bewirkt eine kleine Stromänderung auf der Eingangsseite (dI_B) eine große Stromänderung auf der Ausgangsseite (dI_C). Diese Eigenschaft wird mit **Verstärkung** bezeichnet. Hierbei wird die Stromverstärkung β definiert:

$$\beta = \frac{dI_C}{dI_B}\Big|_{U_{CE} = \text{konst.}} \tag{12.3}$$

Für verschiedene Bauformen von Transistoren kann die mit Gleichung (12.3) definierte Stromverstärkung Werte zwischen 10 und 1000 annehmen.

12.3 Transistor-Grundschaltungen

Der Transistor wird mit anderen Netzwerkselementen (Spannungsquellen, Widerständen) zusammengeschaltet, um die Verstärkereigenschaft auszunutzen. Je nachdem, welche Klemme des Transistors dabei auf einem festen Potential liegt, können drei Transistor-Grundschaltungen unterschieden werden.

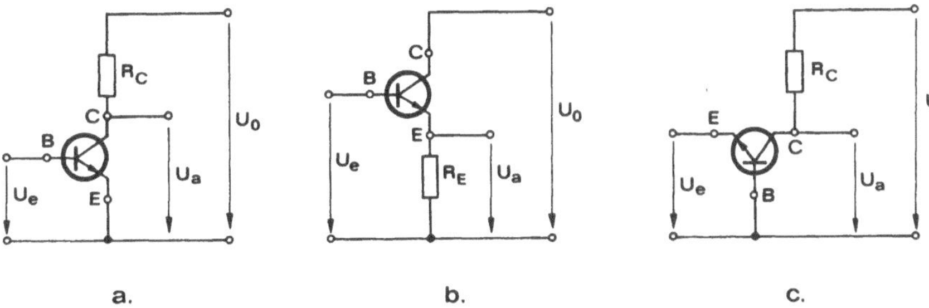

Bild 12.6 Die drei Transistor-Grundschaltungen
a) Emitterschaltung
b) Kollektorschaltung
c) Basisschaltung

In diesem Bild bezeichnet U_0 die konstante Versorgungsspannung des Kollektorkreises, U_e die Eingangs- und U_a die Ausgangsspannung. Die Schaltungen heißen:

a) Emitterschaltung
b) Kollektorschaltung
c) Basisschaltung

Die wichtigsten Eigenschaften dieser Grundschaltungen sollen im folgenden zusammengestellt werden. Dabei werden oft besondere Voraussetzungen getroffen, so daß die abgeleiteten Eigenschaften entweder nur näherungsweise oder nur für einen bestimmten Betriebszustand der Schaltung gelten.

Emitterschaltung

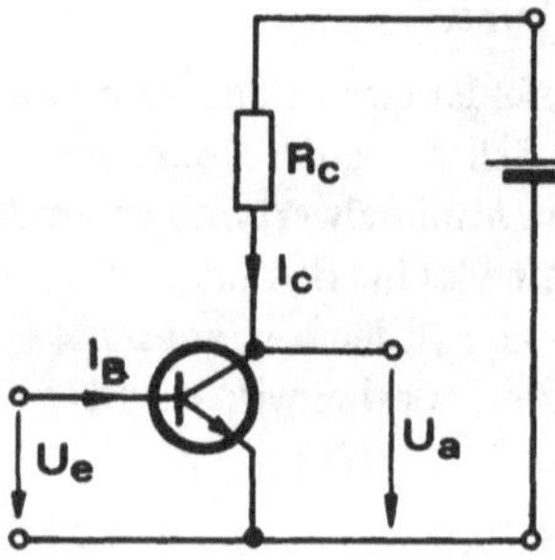

Bild 12.7 Emitterschaltung

Der Transistor wird dabei im steilen Teil der Eingangskennlinien betrieben (Bild 12.4). Somit ergibt eine kleine Änderung der Eingangsspannung eine große Basisstromänderung.

$$dI_B = \frac{dU_e}{r_{BE}} \tag{12.4}$$

Hieraus folgt, daß der Wert des Eingangswiderstandes r_{BE} nicht hoch ist.

Wird der Einfluß der Kollektorspannung U_{CE} auf den Kollektorstrom I_C vernachlässigt, so ergibt sich

$$dI_C = \beta\, dI_B = \beta \frac{dU_e}{r_{BE}} \tag{12.5}$$

Diese Änderung des Kollektorstromes dI_C bewirkt eine Änderung der Ausgangsspannung dU_a:

$$dU_a = d\,(U_0 - I_C R_C) = -\, dI_C R_C = -\,\beta \frac{R_C}{r_{BE}} dU_e$$

Hieraus läßt sich die Spannungsverstärkung v_u ableiten:

$$v_u = \frac{dU_a}{dU_e} = -\,\beta \frac{R_C}{r_{BE}} \tag{12.6}$$

Das negative Vorzeichen in der Gleichung (12.6) zeigt an, daß eine Änderung der Eingangsspannung eine entgegengesetzte Änderung der Ausgangsspannung zur Folge hat. Liegen sinusförmige Größen vor, so besteht zwischen dU_e und dU_a eine Phasenverschiebung von 180°.

Da r_{BE} im allgemeinen in der Größenordnung von R_C liegt, ist auch die Spannungsverstärkung in der Emitterschaltung – genau wie die Stromverstärkung – groß.

Der Eingangswiderstand dieser Schaltung ist

$$r_e = r_{BE} \tag{12.7}$$

Mit diesem Widerstand belastet der Transistor die Eingangsspannungsquelle. Er ist meist nicht sehr groß, wie in (12.4) gezeigt wurde.

Für den Ausgangswiderstand dieser Schaltung ergibt sich:

$$r_a = \frac{R_C \cdot r_{CE}}{R_C + r_{CE}} \tag{12.8}$$

Kollektorschaltung (Emitterfolger)

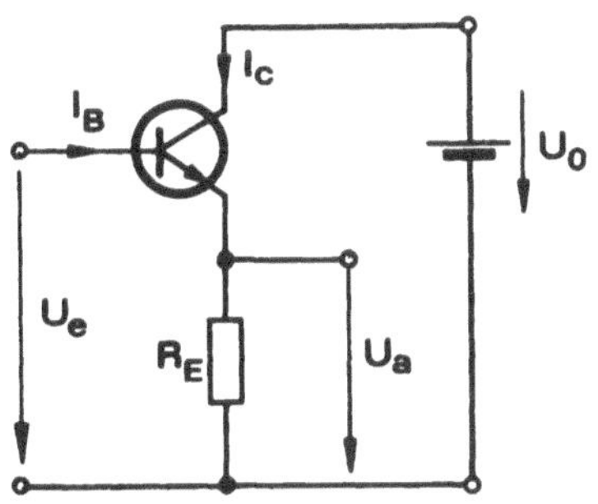

Bild 12.8 Kollektorschaltung

Aus dem Bild 12.8 geht unmittelbar hervor, daß die Stromverstärkung der Schaltung der Stromverstärkung des Transistors entspricht und damit groß ist.

Eingangs- und Ausgangsspannung unterscheiden sich nur durch die geringe Basis-Emitter-Spannung U_{BE}. Sie sind also nahezu gleich. Die Spannungsverstärkung der Schaltung hat angenähert den Wert Eins.

Der Eingangswiderstand $r_e = \frac{dU_e}{dI_B}$ läßt sich wiederum unter Vernachlässigung des Einflusses der Kollektor-Emitter-Spannung auf den Kollektor-Strom berechnen:

$$dU_e = dI_B\, r_{BE} + dI_C\, R_E$$

mit

$$dI_C = \beta\, dI_B$$

$$r_e = r_{BE} + \beta R_E \tag{12.9}$$

Unter der gleichen Voraussetzung ergibt sich für den Ausgangswiderstand:

$$r_a = \frac{R_E\, r_{BE}}{\beta R_E + r_{BE}} \qquad (12.10)$$

Es ist aus den Gleichungen (12.9) und (12.10) abzulesen, daß die Kollektorschaltung einen sehr hohen Eingangs- und einen sehr niedrigen Ausgangswiderstand besitzt. Sie arbeitet als Impedanz-Wandler.

Eingangs- und Ausgangssignal verhalten sich gleichsinnig zueinander. Da in dieser Schaltung das Potential des Emitters dem Potential der Basis gleichsinnig folgt, wird diese Schaltung auch Emitterfolger-Schaltung genannt.

Basisschaltung

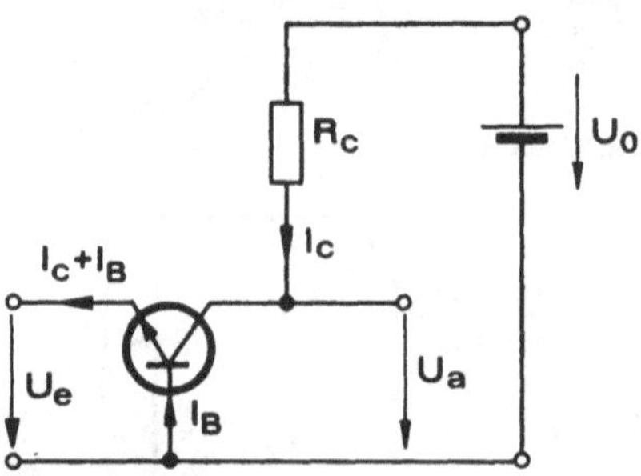

Bild 12.9 Basisschaltung

Da die Quelle der Eingangsspannung vom Emitterstrom $I_E \approx I_C$ durchflossen wird, hat die Stromverstärkung dieser Schaltung angenähert den Wert Eins.

Für die Spannungsverstärkung ergibt sich in Analogie zur Emitterschaltung

$$v_u = -\beta \frac{R_C}{r_{BE}} \qquad (12.11)$$

Für den Eingangswiderstand kann näherungsweise ermittelt werden:

$$r_e = \frac{dU_e}{dI_E} \approx \frac{dU_e}{\beta\, dI_B} = \frac{r_{BE}}{\beta} \qquad (12.12)$$

Als Ausgangswiderstand läßt sich aus der Schaltung die Parallelschaltung von R_C und r_{CE} ableiten:

$$r_a = \frac{R_C\, r_{CE}}{R_C + r_{CE}} \qquad (12.13)$$

Bei der Basisschaltung liegt ein großer Wert für den Ausgangswiderstand und ein kleiner Wert für den Eingangswiderstand vor. Auch diese Schaltung arbeitet als Impedanzwandler. Das Signalverhalten von Eingang zu Ausgang ist gleichsinnig.

Die Tab. 12.1 zeigt eine Zusammenfassung der näherungsweise abgeleiteten Eigenschaften der drei Grundschaltungen.

	Emitterschaltung	Kollektor-schaltung (Emitterfolger)	Basisschaltung
Spannungsverstärkung	groß	≈ 1	groß
Stromverstärkung	groß	groß	≈ 1
Eingangswiderstand	mittel	groß	klein
Ausgangswiderstand	mittel	klein	groß
Phasenverschiebung zwischen Eingang und Ausgang (sinusf. Signal)	180°	0°	0°

Tab. 12.1 Qualitativer Vergleich der Eigenschaften der Transistor-Grundschaltungen

12.4 Emitterschaltung als Niederfrequenzverstärker

Soll die Emitterschaltung zur Verstärkung niederfrequenter Wechselspannungen (Tonfrequenz-Bereich) angewendet werden und soll außerdem eine möglichst geringe Verzerrung der Signale auftreten, so kann wegen der stark gekrümmten Kennlinien des Transistors nicht in allen Teilen des Kennlinienfeldes gearbeitet werden. Es wird so vorgegangen, daß mit Hilfe von Gleichgrößen ein Arbeitspunkt festgelegt wird und daß diesen Gleichgrößen das niederfrequente Signal überlagert wird. Die Amplitude dieses Signals darf dann nicht so groß werden, daß der gewählte lineare Teil der Kennlinie verlassen wird.

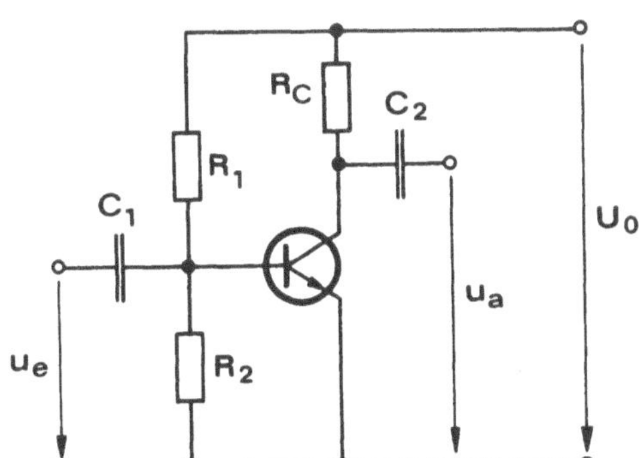

Bild 12.10 Emitterschaltung als Niederfrequenz-Verstärker

Die Schaltung des Bildes 12.10 zeigt, wie der Arbeitspunkt festgelegt werden kann. Nach dem Abschn. 6 wird durch U_0 und durch R_C im Ausgangskennlinienfeld eine Arbeitsgerade festgelegt. Mit Hilfe des Spannungsteilers R_1, R_2 wird ein bestimmter Basis-Gleichstrom eingestellt. Dieser legt im Ausgangskennlinienfeld eine bestimmte Kennlinie fest. Deren Schnittpunkt mit der Arbeitsgeraden ergibt den Arbeitspunkt (z. B. Punkt A im Bild 12.11).

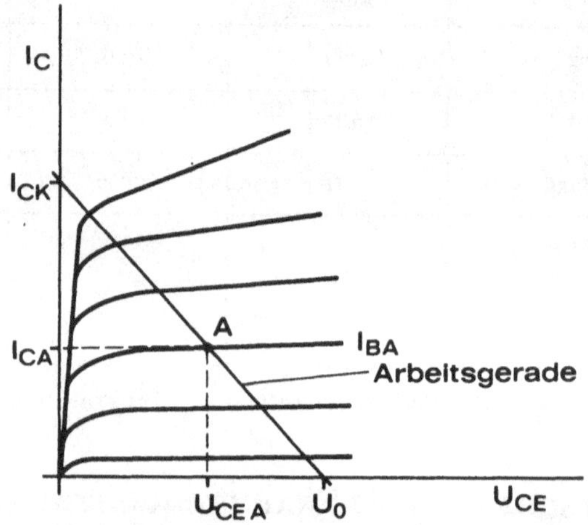

Bild 12.11 Zur Festlegung des Arbeitspunktes

Den Gleichgrößen I_{BA} und I_{CA} werden die Wechselgrößen überlagert. Mit Hilfe des Kondensators C_1 wird das Signal u_e dem Transistor zugeführt. Es führt zu einer Änderung des Basisstromes dI_B, die wiederum eine Änderung des Kollektorstromes dI_C hervorruft. Der Kondensator C_1 trennt zugleich die Gleichgrößen von der Signalspannungsquelle. Der Kondensator C_2 läßt nur die Wechselkomponente an den Ausgang gelangen. Mit der Spannung u_a ist die Ausgangswechselspannung bezeichnet.

Da der Widerstand des Kondensators von der Frequenz der Wechselgrößen abhängt, nehmen in der Schaltung nach Bild 12.10 die Werte von C_1 und C_2 Einfluß auf das Frequenzverhalten der Verstärkerschaltung.

Wird der Arbeitspunkt, wie im Bild 12.10 gezeigt, mit dem Spannungsteiler R_1, R_2 eingestellt, dann muß der Teiler-Querstrom groß im Verhältnis zum Basisstrom sein, damit das Spannungsteilerverhältnis nicht durch unerwünschte Änderungen in der Basis-Emitter-Strecke beeinflußt wird.

Andere Methoden der Arbeitspunkteinstellung (Verwenden eines eingeprägten Basisstromes, Verwenden eines Emitterwiderstandes) ergeben bei Temperaturänderungen an der Schaltung ein stabileres Verhalten.

Wird die Emitterschaltung durch einen Widerstand R_E ergänzt (Bild 12.12), so ändern sich ihre Eigenschaften.

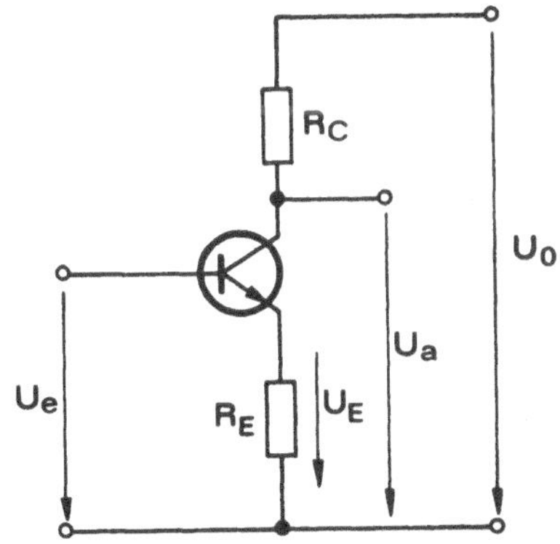

Bild 12.12 Emitterschaltung mit zusätzlichem Emitterwiderstand

Soll das Grundprinzip der Emitterschaltung nicht verlassen werden, so muß gelten $R_E \ll R_C$.

In der Schaltung nach Bild 12.12 bewirkt eine Änderung von U_e eine gleichsinnige Änderung von U_E. Das bedeutet aber, daß im Vergleich zur Emitterschaltung mit $R_E = 0$ nur ein Teil der Eingangsgröße U_e an der Basis-Emitter-Strecke wirksam ist. Dicse Art der Beeinflussung der Eingangsgröße durch den Ausgang (u_E ist ein Teil der Ausgangsspannung) wird Rückkopplung im gegenkoppelnden Sinn oder kurz Gegenkopplung genannt.

Die Gegenkopplung hat zur Folge, daß die Spannungsverstärkung der Schaltung kleiner ist im Vergleich zur Emitterschaltung mit $R_E = 0$.

Für die Schaltung nach Bild 12.12 gilt:

$$dU_a = - dI_C R_C \quad \text{und} \quad dU_E = dI_C R_E$$

$$\frac{dU_a}{dU_E} = - \frac{R_C}{R_E}$$

Wird angenähert $dU_e \approx dU_E$, so ergibt sich die Spannungsverstärkung v_u der Emitterschaltung mit Gegenkopplung zu:

$$v_u = - \frac{R_C}{R_E} \tag{12.14}$$

Der Betrag dieser Spannungsverstärkung ist größer als Eins, er ist jedoch kleiner als der Betrag, der in der Gleichung (12.6) für die nicht gegengekoppelte Emitterschaltung abgeleitet wurde.

12.5 Transistoreigenschaften in der Vierpoldarstellung

Bei den Ableitungen im Abschn. 12.3 wurde angenommen, daß der Basisstrom I_B und der Kollektorstrom I_C nicht von der Kollektor-Emitter-Spannung U_{CE} abhängen. Im allgemeinen gilt jedoch:

$$I_B = f(U_{BE}, U_{CE}) \quad \text{oder} \quad U_{BE} = f(I_B, U_{CE})$$

$$I_C = f(I_B, U_{CE})$$

Diese Abhängigkeiten werden durch die Kennlinien der Eingangs- und Ausgangsseite (Bilder 12.4 und 12.5) dargestellt. Dabei sind die Funktionen nicht linear.

Wird angenommen, daß ein durch Gleichgrößen festgelegter Arbeitspunkt vorhanden ist und daß den Gleichgrößen kleine Wechselgrößen als Signale überlagert sind, dann kann jede Kennlinie in der Nähe des Arbeitspunktes für das Signal durch ein Geradenstück ersetzt werden. Die vollständigen Änderungen der Basis-Emitter-Spannung dU_{BE} und des Kollektorstromes dI_C können geschrieben werden:

$$\begin{aligned} dU_{BE} &= \frac{\partial U_{BE}}{\partial I_B}\, dI_B + \frac{\partial U_{BE}}{\partial U_{CE}}\, dU_{CE} \\ dI_C &= \frac{\partial I_C}{\partial I_B}\, dI_B + \frac{\partial I_C}{\partial U_{CE}}\, dU_{CE} \end{aligned} \tag{12.15}$$

Unter der Voraussetzung des Arbeitens in der Nähe des Arbeitspunktes (Kleinsignalverstärkung) sind die partiellen Differentialquotienten in (12.15) konstante Größen.

Einige von ihnen wurden im Abschn. 12.2 definiert:

$$\frac{\partial U_{BE}}{\partial I_B} = \left.\frac{dU_{BE}}{dI_B}\right|_{U_{CE} = \text{konst.}} = r_{BE}$$ Differentieller Eingangswiderstand in (12.1)

$$\frac{\partial U_{CE}}{\partial I_C} = \left.\frac{dU_{CE}}{dI_C}\right|_{I_B = \text{konst.}} = r_{CE}$$ Differentieller Ausgangswiderstand in (12.2)

$$\frac{\partial I_C}{\partial I_B} = \left.\frac{dI_C}{dI_B}\right|_{U_{CE} = \text{konst.}} = \beta$$ Stromverstärkung in (12.3)

Die Größe $\left.\frac{dU_{BE}}{dU_{CE}}\right|_{I_B = \text{konst.}}$ gibt an, wie stark sich die Basis-Emitter-Spannung ändert, wenn bei konstantem Basisstrom die Kollektor-Emitter-Spannung geändert wird. Sie soll **Spannungsrückwirkung** genannt werden:

$$\frac{\partial U_{BE}}{\partial U_{CE}} = \left.\frac{dU_{BE}}{dU_{CE}}\right|_{I_B = \text{konst.}} = v_r \quad \text{Spannungsrückwirkung} \tag{12.16}$$

Mit diesen Definitionen können die Gleichungen (12.15) umgeschrieben werden in:

$$dU_{BE} = r_{BE}\, dI_B + v_r\, dU_{CE}$$
$$dI_C = \beta\, dI_B + \frac{1}{r_{CE}}\, dU_{CE} \qquad (12.17)$$

Die Gleichungen (12.17) geben die vollständige Abhängigkeit der Basis-Emitter-Spannung und des Kollektorstromes an.

Unter den getroffenen Voraussetzungen können die Änderungen der Größen in den Gleichungen (12.17) als die den Gleichgrößen überlagerten Wechselgrößen angesehen werden:

$$dU_{BE} = u_1 \qquad dI_B = i_1$$
$$dU_{CE} = u_2 \qquad dI_C = i_2 \qquad (12.18)$$

Das soll im Schaltbild berücksichtigt werden, in dem nur die Symbole für die Wechselgrößen u_1, u_2, i_1, i_2 eingetragen werden.

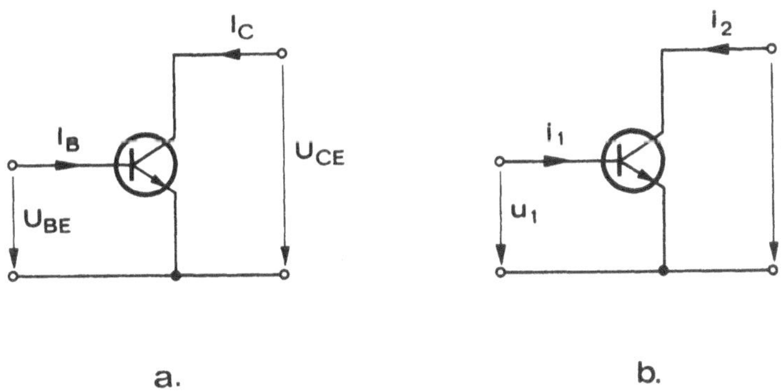

Bild 12.13 Zur Ableitung der Vierpoldarstellung der Emitterschaltung
a) Emitterschaltung (allgemeine Beschriftung)
b) Emitterschaltung (beschriftet für Kleinsignale)

Die Darstellung der Emitterschaltung in Bild 12.13 b ist aber die Darstellung eines Vierpols. Dementsprechend folgt aus den Gleichungen (12.17) mit den Beziehungen (12.18) folgende Vierpolgleichung für die Emitterschaltung:

$$u_1 = h_{11}\, i_1 + h_{12}\, u_2$$
$$i_2 = h_{21}\, i_1 + h_{22}\, u_2 \qquad (12.19)$$

In dieser Darstellung werden die Konstanten der Gleichungen (12.17) einheitlich durch den Buchstaben h gekennzeichnet. Diese Form der Darstellung wird deswegen auch die **h-Parameter-Darstellung** genannt.

Obwohl Identität besteht zwischen den partiellen Differentialquotienten in (12.15) und den h-Parametern (12.19), seien die Bedeutungen der h-Parameter noch einmal zusammengestellt. Sie wurden ja allein für die Wechselgrößen definiert:

$$h_{11} = \frac{u_1}{i_1}\Big|_{u_2 = 0} = \frac{dU_{BE}}{dI_B}\Big|_{U_{CE} = \text{konst.}}$$

h_{11}: Eingangswiderstand bei kurzgeschlossenem Ausgang (bei Wechselgröße am Ausgang $u_2 = 0$)

$$h_{21} = \frac{i_2}{i_1}\Big|_{u_2 = 0} = \frac{dI_C}{dI_B}\Big|_{U_{CE} = \text{konst.}}$$

h_{21}: Stromverstärkung bei kurzgeschlossenem Ausgang (Wechselgröße am Ausgang $u_2 = 0$)

$$h_{12} = \frac{u_1}{u_2}\Big|_{i_1 = 0} = \frac{dU_{BE}}{dU_{CE}}\Big|_{I_B = \text{konst.}}$$

h_{12}: Spannungsrückwirkung bei offenem Eingang (Wechselgröße am Eingang $i_1 = 0$)

$$h_{22} = \frac{i_2}{u_2}\Big|_{i_1 = 0} = \frac{dI_C}{dU_{CE}}\Big|_{I_B = \text{konst.}}$$

h_{22}: Ausgangsleitwert bei offenem Eingang (Wechselgröße am Eingang $i_1 = 0$)

Es kann ein einfaches Netzwerk aus linearen Elementen zusammengestellt werden, für das die Gleichungen (12.19) gelten. Dieses ist dann ein Ersatzschaltbild für den Transistor, das für einen Betrieb gilt, wie er für die Ableitungen der Gleichungen (12.19) vorausgesetzt wurde.

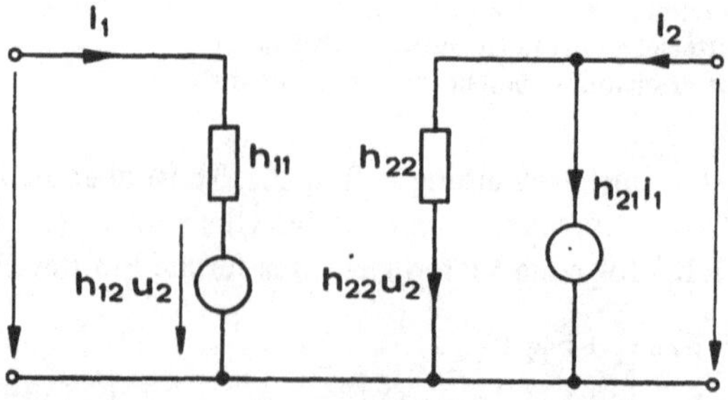

Bild 12.14 Ersatzschaltbild des Transistors für Kleinsignalverstärkung

Das Ersatzschaltbild enthält mit $h_{12}\ u_2$ eine Spannungsquelle und mit $h_{21}\ i_1$ eine Stromquelle.

Die technischen Unterlagen über Transistoren enthalten in der Regel die h-Parameter für die Emitterschaltung. Diese werden meist durch einen zusätzlichen Index „e" (z. B. h_{11e}) gekennzeichnet. Sie gelten wegen der bei ihrer Definition getroffenen Voraussetzungen für einen bestimmten Arbeitspunkt.

Das im Bild 12.14 gekennzeichnete Ersatzschaltbild gilt auch für die anderen Transistorgrundschaltungen, wenn die h-Parameter für die entsprechende Schaltung der Umrechnungstabelle 12.2 entnommen werden.

	Emitter-Schaltung	Basis-Schaltung	Kollektor-Schaltung
Eingangswiderstand	h_{11e}	$h_{11b} = \frac{h_{11e}}{1 + h_{21e}}$	$h_{11c} = h_{11e}$
Spannungsrückwirkung	h_{12e}	$h_{12b} = \frac{h_{11e} \cdot h_{22e}}{1 + h_{21e}} - h_{12e}$	$h_{12c} = 1 - h_{12e}$
Stromverstärkung	h_{21e}	$h_{21b} = - \frac{h_{21e}}{1 + h_{21e}}$	$- h_{21c} = 1 + h_{21e}$
Ausgangsleitwert	h_{22e}	$h_{22b} = \frac{h_{22e}}{1 + h_{21e}}$	$h_{22c} = h_{22e}$

Tab. 12.2 Umrechnung der h-Parameter für die Emitterschaltung in die der Basis- und Kollektorschaltung

12.6 Anwendung des Transistors als Schalter

In der Elektrotechnik wird mit dem Wort Schalter ein Netzwerkselement bezeichnet, das zwei Betriebszustände annehmen kann:

Zustand „gesperrt" (Kontakt geöffnet)
Zustand „leitend" (Kontakt geschlossen)

Das Bild 12.15 zeigt die symbolische Darstellung eines Schalters in diesen beiden Betriebszuständen.

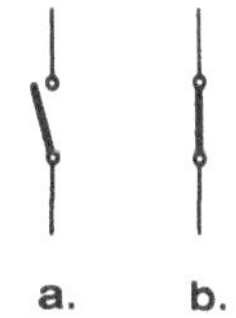

Bild 12.15 Betriebszustände eines Schalters
a) gesperrt (Kontakt geöffnet) b) leitend (Kontakt geschlossen)

Mit einem Transistor in Emitterschaltung lassen sich angenähert diese zwei Betriebszustände erreichen. Das sei an den Ausgangskennlinien eines Transistors erläutert.

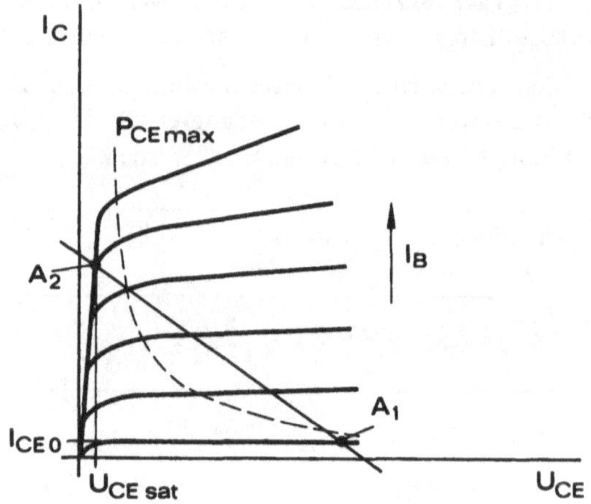

12.16 Ausgangs-Kennlinienfeld eines Transistors im Schaltbetrieb

Der Arbeitspunkt A_1 entspricht dem Betriebszustand gesperrt. Der Arbeitspunkt A_2 entspricht dem Betriebszustand leitend.

Das Bild 12.16 zeigt zugleich, daß der Transistor kein idealer Schalter ist. Im gesperrten Zustand fließt noch der Kollektor-Emitter-Reststrom I_{CEo}. Im durchgeschalteten oder leitenden Zustand fällt noch die Kollektor-Emitter-Restspannung U_{CEsat} ab.

Das Wesentliche beim Arbeiten eines Transistors im Schaltbetrieb ist, daß er ausschließlich in diesen beiden Arbeitspunkten betrieben wird. Weiterhin ist wichtig, daß der Übergang zwischen den beiden Arbeitspunkten schnell erfolgt. Ist diese Voraussetzung erfüllt, dann kann der Transistor gegenüber dem stetigen Betrieb höher ausgenutzt werden. Für den stetigen Betrieb stellt die Verlusthyperbel (Abschn. 6) eine Grenze dar. Diese Verlusthyperbel ist im Bild 12.16 durch eine unterbrochene Linie gekennzeichnet (P_{CEmax}). Die Arbeitspunkte A_1 und A_2 liegen im zulässigen Bereich. Die Arbeitsgerade, der diese beiden Punkte angehören, schneidet jedoch die Verlusthyperbel. Die Arbeitspunkte, die zwischen den Arbeitspunkten A_1 und A_2 liegen, werden nur beim Übergang von einem Zustand zum anderen durchfahren. Nach den Voraussetzungen soll dieser Übergang schnell erfolgen.

12.7 Aufgaben zum Abschnitt 12

Aufgabe 12.71

$R_1 = 220\,\Omega$, $R_2 = 5{,}6\,k\Omega$

$U_e = 2\,V$, $U_0 = 15\,V$

Wie groß sind U_{CE} und I_C bei dem sich einstellenden Arbeitspunkt?

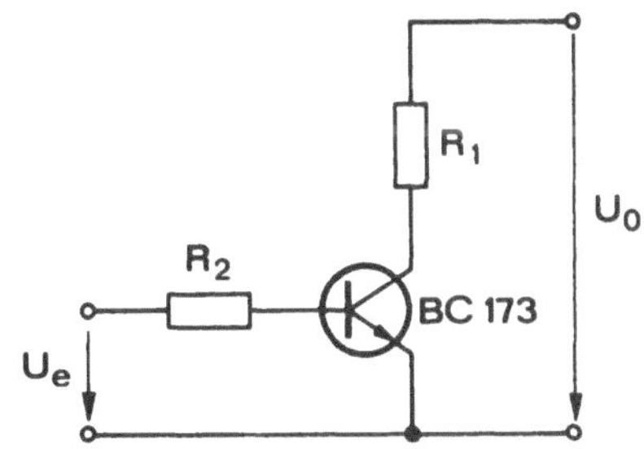

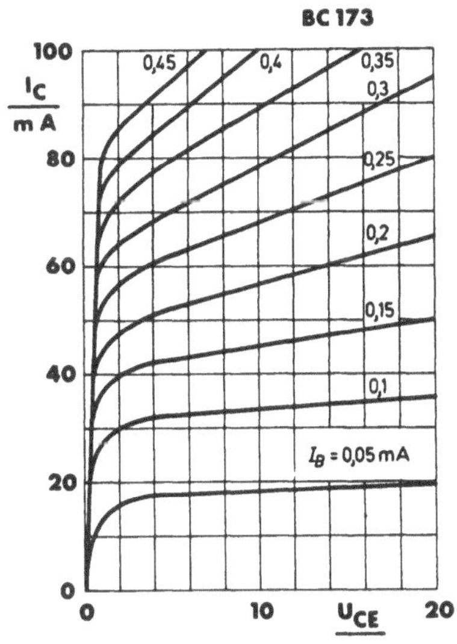

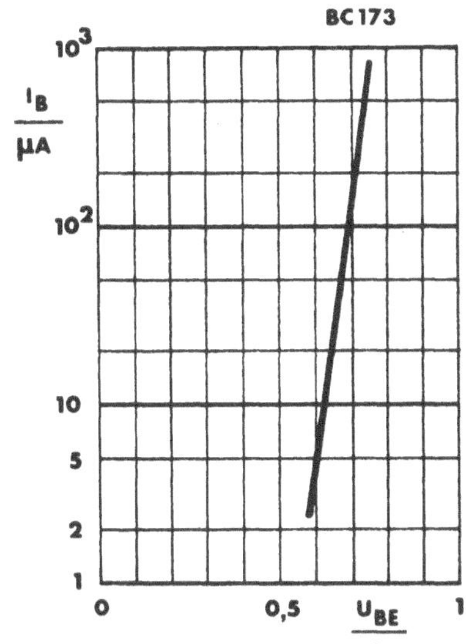

Aufgabe 12.72

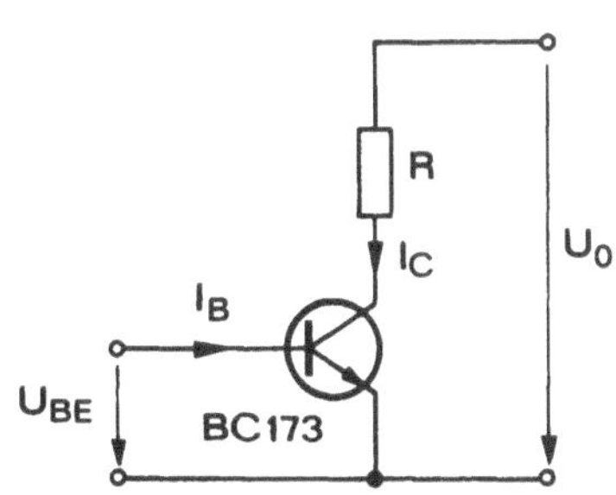

Für die dargestellte Schaltung soll der Kollektorwiderstand R so berechnet werden, daß die Verlustleistung in der Kollektor-Emitter-Strecke den Wert 300 mW nicht überschreitet. U_0 = 12 V.

Welcher Arbeitspunkt stellt sich bei I_B = 0,2 mA ein? (Die Kennlinien der Aufgabe 12.71 können verwendet werden.)

Aufgabe 12.73

Die Schaltung der Aufgabe 12.72 soll in einem anderen Betriebsbereich arbeiten.

$R = 2{,}2\ \text{k}\Omega \qquad U_0 = 18\ \text{V}$

Welche Spannungsänderung ΔU_{CE} stellt sich ein, wenn der Arbeitspunkt mit $U_{BE} = 0{,}65$ V eingestellt wird und sich U_{BE} um ± 0,01 V um den Arbeitspunkt ändert?

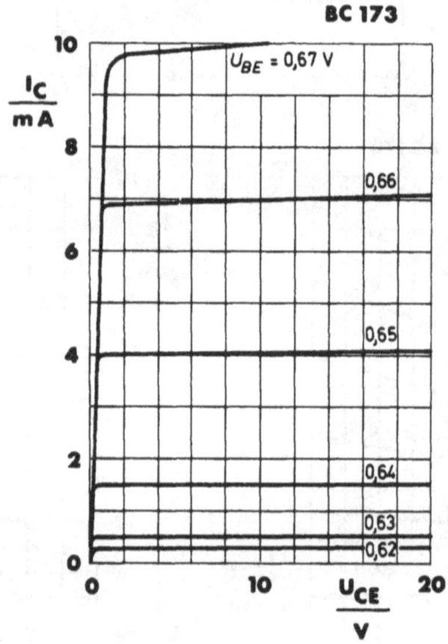

Aufgabe 12.74

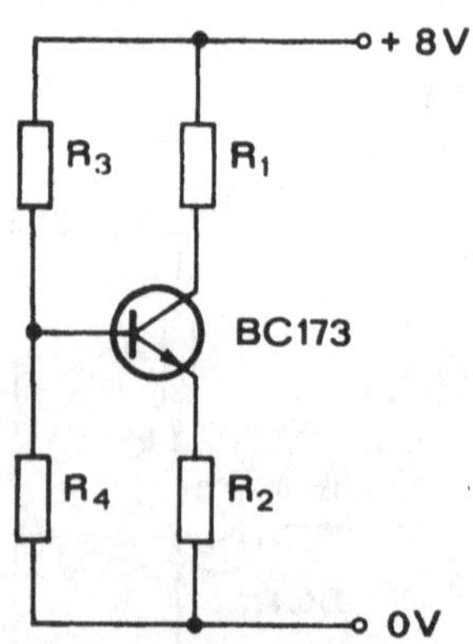

Für die Festlegung des Arbeitspunktes der skizzierten Schaltung sind die Widerstände zu bemessen.

Folgende Nebenbedingungen sollen eingehalten werden:

Maximale Verlustleistung $\leqslant 40$ mW $\qquad R_1 : R_2 = 10:1$

R_3, R_4 sollen $U_{CE} = 5$ V festlegen $\qquad I_4 \geqslant 10\, I_B$

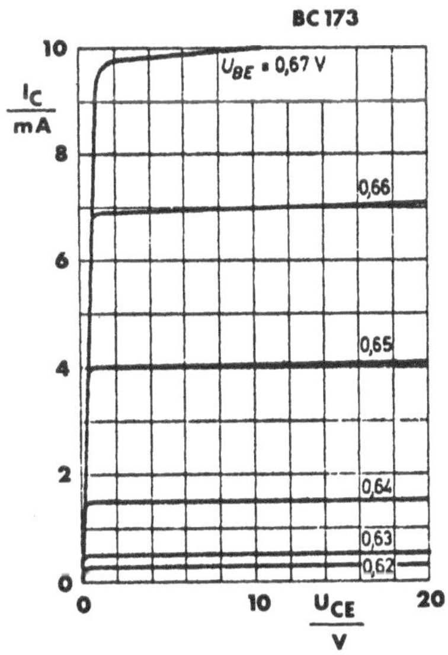

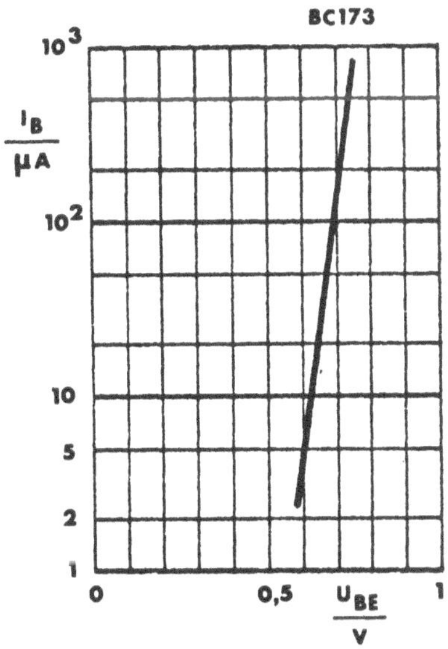

Aufgabe 12.75

Im Betriebsfall ist der Transistorvierpol auf der Eingangsseite mit einem aktiven, auf der Ausgangsseite mit einem passiven Zweipol verbunden.

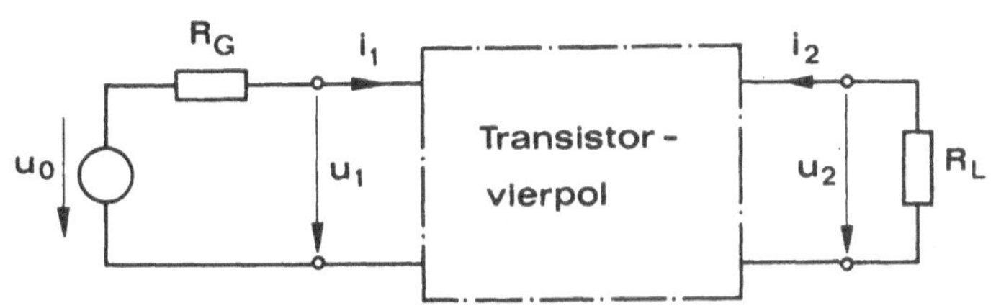

Für diese Schaltung sollen mit Hilfe der h-Parameter die Beziehungen für die Stromverstärkung, Spannungsverstärkung, Leistungsverstärkung, Eingangs- und Ausgangswiderstand abgeleitet werden.

Aufgabe 12.76

Die h-Parameter eines Transistors in Emitterschaltung sind für einen Arbeitspunkt (Transistor BC 173 mit U_{CE} = 5 V, I_C = 7 mA) wie folgt gegeben:

$h_{11} = 1{,}35\ \text{k}\Omega$ $\qquad h_{21} = 330$

$h_{12} = 1{,}5 \cdot 10^{-4}$ $\qquad h_{22} = 90\ \mu\text{S}$

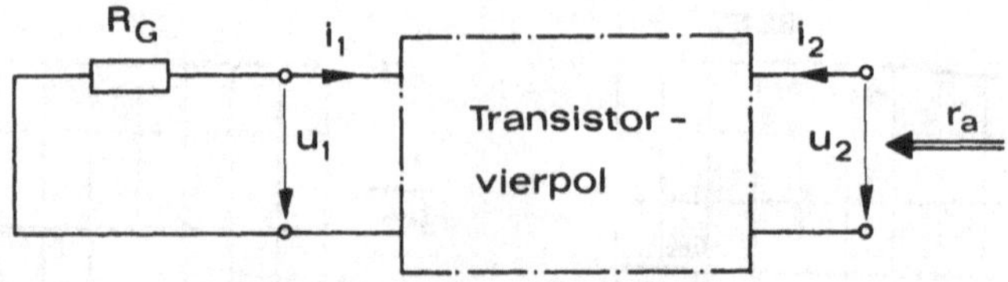

$R_G = 1{,}2\,k\Omega$ $R_L = 390\,\Omega$

Es sind die Werte für v_i, v_u, v_p, r_e und r_a für den beschalteten Transistorvierpol zu berechnen.

Aufgabe 12.77

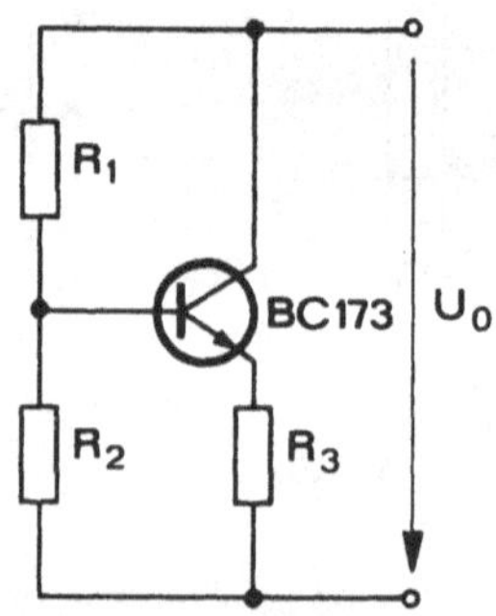

Für die skizzierte Emitterfolgerschaltung sind die Widerstände so auszulegen, daß sich ein Arbeitspunkt $U_{CE} = 9\,V$, $I_C = 19\,mA$ einstellt. Der Strom durch R_2 soll mindestens den zehnfachen Wert des Basisstromes besitzen.

$$U_0 = 18\,V$$

(Die Transistorkennlinien der Aufgabe 12.71 können verwendet werden.)

Lösungen der Aufgaben zum Abschnitt 12

Aufgabe 12.71

Zunächst wird der Arbeitspunkt im Basiskreis bestimmt. Strom bei kurzgeschlossener Basis-Emitter-Strecke:

$$I_{Bk} = \frac{2\,V}{5{,}6\,k\Omega} = 360\,\mu A$$

Dem Eingangskennlinienfeld werden die Werte für den Arbeitspunkt im Basiskreis entnommen:

$$I_B = 50\,\mu A, \qquad U_{BE} = 0{,}68\,V$$

Für den Arbeitspunkt im Kollektorkreis:

$$I_{Ck} = \frac{15\,V}{220\,\Omega} = 68{,}2\,mA$$

Die Koordinaten des Arbeitspunktes sind:

$I_C = 18$ mA, $U_{CE} = 11$ V

Parameter $I_B = 0{,}05$ mA

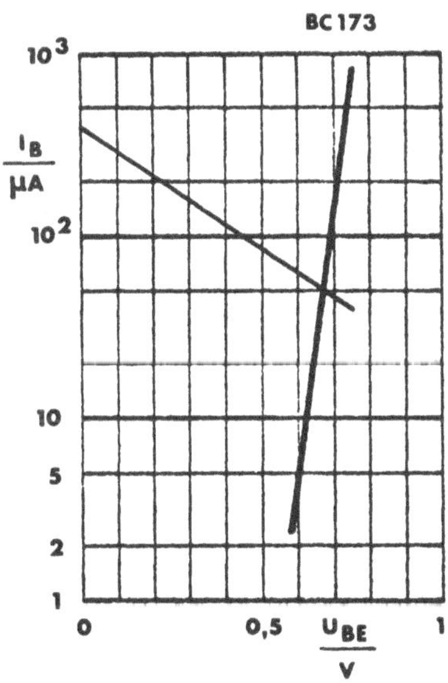

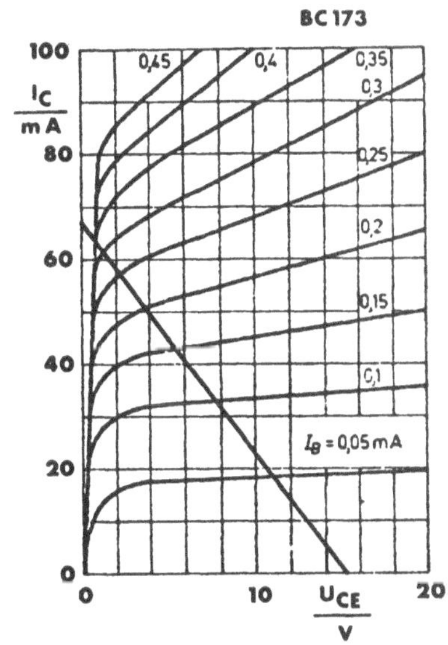

Aufgabe 12.72

Die maximale Verlustleistung wird im stetigen Betrieb erreicht, wenn die Arbeitsgerade die Verlusthyperbel tangiert.

Dann gilt:

$$P_{max} = \frac{U_0}{2} \frac{I_{Ck}}{2}$$

Mit $P_{max} = 300$ mW und $U_0 = 12$ V ergibt sich:

$$I_{Ck} = 100 \text{ mA}$$

Daraus der Kollektorwiderstand: $R = \frac{U_0}{I_{Ck}} = 120\ \Omega$

Die eingezeichnete Arbeitsgerade und der Parameterwert $I_B = 0{,}2$ mA ergeben einen Arbeitspunkt mit:

$I_C = 52$ mA, $U_{CE} = 5{,}8$ V

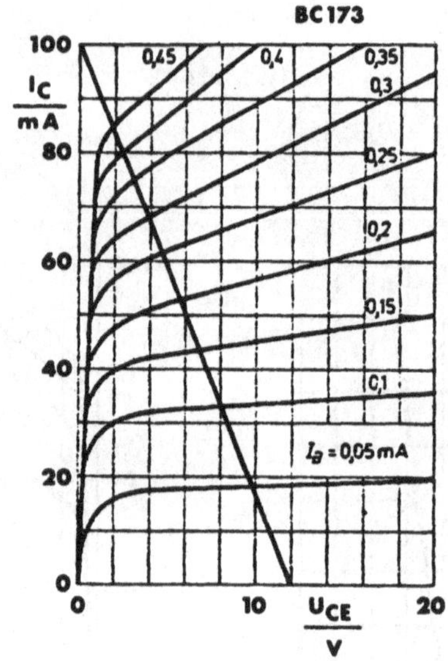

Aufgabe 12.73

Zur Festlegung der Arbeitsgeraden:

$$I_{Ck} = \frac{U_0}{R} = \frac{18\ \text{V}}{2{,}2\ \text{k}\Omega} = 8{,}2\ \text{mA}$$

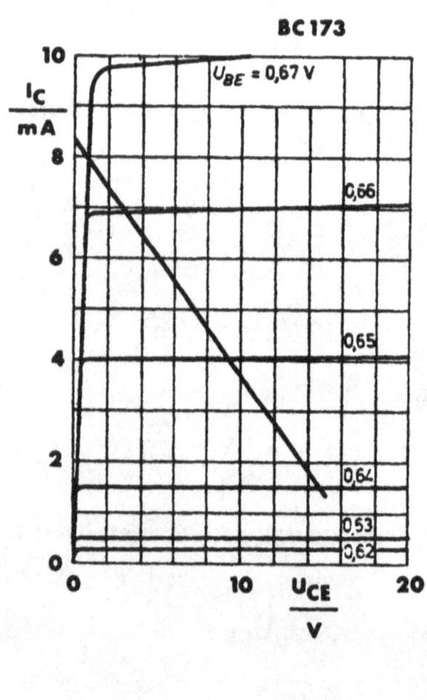

Arbeitspunkt:

$$I_C = 4\ \text{mA}, \qquad U_{CE} = 9\ \text{V}$$

$\Delta U_{BE} = 0{,}02$ V ergibt $\Delta U_{CE} = 14{,}8\ \text{V} - 3\ \text{V} = 11{,}8\ \text{V}$.

Daraus Spannungsverstärkung

$$v_u = \frac{\Delta U_{CE}}{\Delta U_{BE}} = \frac{11{,}8\ \text{V}}{0{,}02\ \text{V}} = 590$$

Aufgabe 12.74

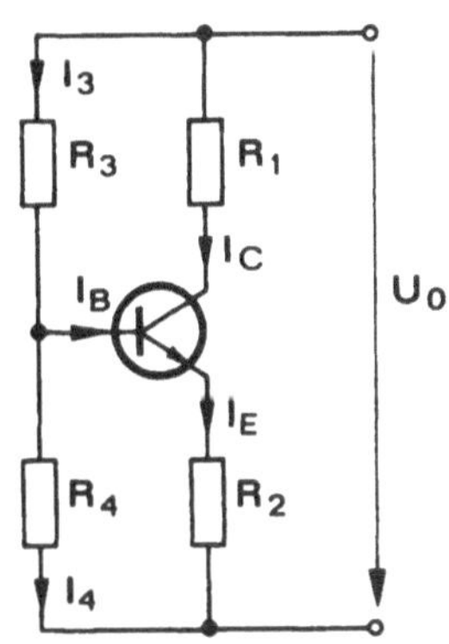

Es wird mit der Näherung $I_C \approx I_E$ gerechnet.

$$P_{max} = \frac{U_0}{2}\frac{I_{Ck}}{2}, \qquad I_{Ck} = \frac{4\,P_{max}}{U_0} = \frac{160\ \text{mW}}{8\ \text{V}} = 20\ \text{mA}$$

$$R_1 + R_2 = \frac{U_0}{I_{Ck}} = \frac{8\ \text{V}}{20\ \text{mA}} = 400\ \Omega$$

$$R_1 = 10\,R_2, \qquad R_2 = 36{,}4\ \Omega$$

Es wird gewählt:

$$R_2 = 39\ \Omega, \qquad R_1 = 390\ \Omega$$

$$I_{Ck} = 18{,}7\ \text{mA}$$

$P_{max} = 40$ mW wird nicht erreicht.

Damit kann in das Ausgangskennlinienfeld die Arbeitsgerade eingezeichnet werden:

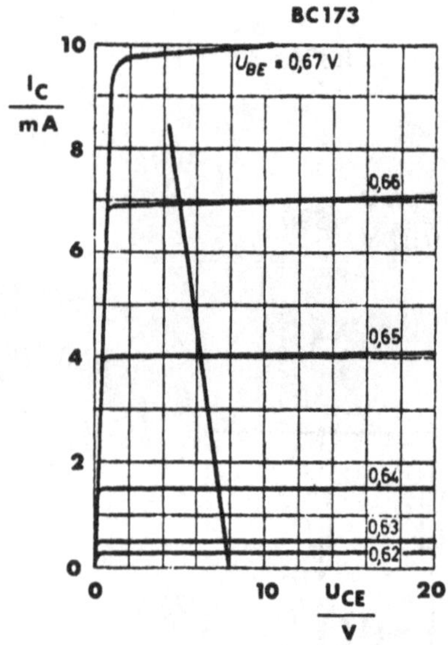

Für $U_{CE} = 5$ V ergeben sich $I_C = 7$ mA und $U_{BE} = 0{,}66$ V.
Aus dem Eingangskennlinienfeld folgt für

$U_{BE} = 0{,}66$ V $\qquad I_B = 0{,}04$ mA

Damit können R_3 und R_4 berechnet werden:

$I_4 R_4 - U_{BE} - I_C R_2 = 0,$ $\qquad I_4 R_4 = 0{,}93$ V

$I_4 = 10\, I_B = 0{,}4$ mA

$R_4 = 2{,}33$ kΩ $\qquad$ gewählt $\qquad R_4 = 2{,}2$ kΩ

$I_4 = 0{,}42$ mA

$I_3 R_3 = 8\text{ V} - 0{,}93\text{ V} = 7{,}07$ V

$R_3 = 15{,}4$ kΩ $\qquad$ gewählt $\qquad R_3 = 15$ kΩ

Aufgabe 12.75

Stromverstärkung $v_i = \frac{i_2}{i_1}$

Aus (12.19) und $u_2 = - R_L\, i_2$ folgt:

$$i_2 = h_{21}\, i_1 - h_{22}\, R_L\, i_2$$

$$v_i = \frac{h_{21}}{1 + h_{22}\, R_L}$$

Spannungsverstärkung $v_u = \frac{u_2}{u_1}$

Aus (12.19) und $u_2 = - R_L\, i_2$ folgt:

$$u_1 = h_{11}\, \frac{i_2}{v_i} + h_{12}\, u_2$$

$$u_1 = h_{11}\, \frac{- u_2\,(1 + h_{22}\, R_L)}{h_{21}\, R_L} + h_{12}\, u_2$$

$$v_u = \frac{- h_{21}\, R_L}{h_{11} + \Delta h\, R_L}$$

mit der Abkürzung $\Delta h = h_{11}\, h_{22} - h_{12}\, h_{21}$

Eingangswiderstand $r_e = \frac{u_1}{i_1}$

Wiederum aus (12.19):

$$u_1 = h_{11}\, i_1 - h_{12}\, i_1\, v_i\, R_L$$

$$r_e = \frac{h_{11} + \Delta h\, R_L}{1 + h_{22}\, R_L}$$

Ausgangswiderstand $r_a = \frac{u_2}{i_2}$

Mit r_a ist derjenige Widerstand bezeichnet, den die Transistorschaltung zeigt, wenn an den Ausgangsklemmen gemessen wird. Die Ausgangsklemmen sind dabei offen, die Eingangsklemmen sind mit dem Innenwiderstand des aktiven Zweipols R_G abzuschließen.

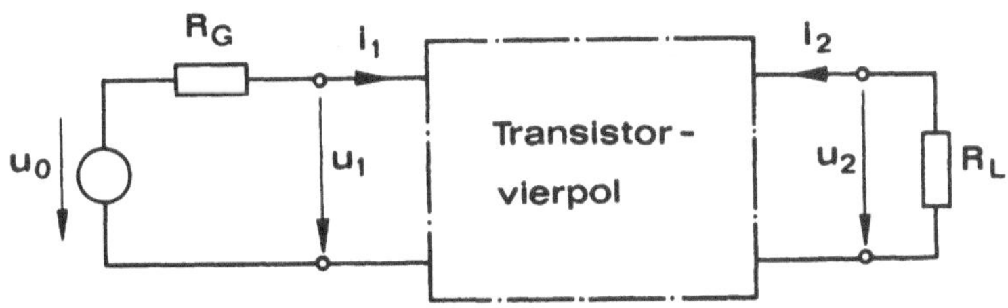

Aus (12.19) und $u_1 = - R_G\ i_1$ folgt:

$$- R_G\ i_1 = h_{11}\ i_1 + h_{12}\ u_2$$

$$i_2 = h_{21}\ i_1 + h_{22}\ u_2$$

$$r_a = \frac{h_{11} + R_G}{\Delta h + h_{22}\ R_G}$$

Leistungsverstärkung $v_p = \frac{P_2}{P_1}$

$$P_1 = i_1^2\ r_e \qquad P_2 = - i_2^2\ R_L$$

$$v_p = - v_i^2\ \frac{R_L}{r_e}$$

$$v_p = - \frac{R_L}{r_e}\ \frac{h_{21}^2}{(1 + h_{22}\ R_L)^2} = - \frac{R_L\ h_{21}^2}{(1 + h_{22}\ R_L)(h_{11} + \Delta h\ R_L)}$$

Aufgabe 12.76

Stromverstärkung	$v_i = 319$
Spannungsverstärkung	$v_u = - 93$
Leistungsverstärkung	$v_p = - 29{,}7 \cdot 10^3$
Eingangswiderstand	$r_e = 1{,}3\ k\Omega$
Ausgangswiderstand	$r_a = 14{,}2\ k\Omega$

Aufgabe 12.77

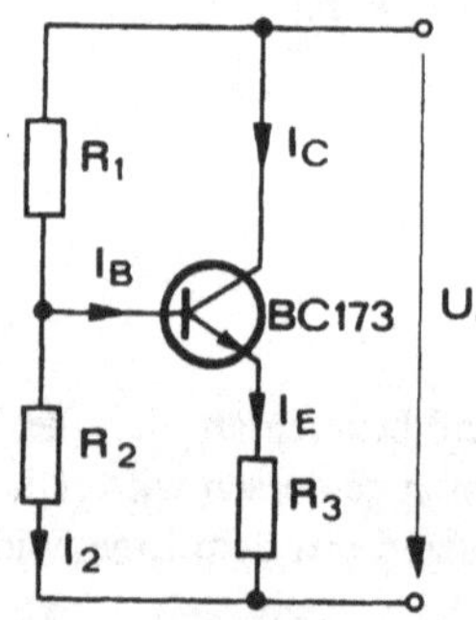

Es wird mit $I_E \approx I_C$ gerechnet.

Das bedeutet: $I_E = 19\ mA$, außerdem ist $I_E\ R_3 = 9\ V$.

Daraus folgt: $R_3 = \frac{9\ V}{19\ mA} = 474\ \Omega$.

gewählt: $R_3 = 470\ \Omega$.

$$I_{Ck} = \frac{18\ V}{470\ \Omega} = 38\ mA$$

Den Kennlinienblättern wird entnommen:

$$I_B = 50\,\mu A, \qquad U_{BE} = 0{,}68\ V$$

$$I_2\,R_2 = 9\ V + 0{,}68\ V = 9{,}68\ V, \qquad I_2 \geqslant 0{,}5\ mA$$

$$R_2 \leqslant \frac{9{,}68\ V}{0{,}5\ mA} = 19{,}4\ k\Omega, \quad \text{gewählt}\ R_2 = 18\ k\Omega$$

Damit $I_2 = 0{,}54$ mA.

$$R_1 = \frac{8{,}32\ V}{0{,}59\ mA} = 14{,}1\ k\Omega, \text{gewählt}\ R_1 = 15\ k\Omega$$

13. Anwendung von Operationsverstärkern

Unter dem Begriff **Operationsverstärker** werden mehrstufige Verstärker mit einer großen Spannungsverstärkung (Verstärkungsfaktor > 10^3) zusammengefaßt. Diese Verstärker können Signale in einem Bereich von der Frequenz Null bis zu einer meist sehr großen Grenzfrequenz mit kleinen Fehlern verstärken. Der Verstärkungsfaktor kann dabei leicht und genau eingestellt werden.

Das Wort Operationsverstärker leitet sich vom Wort Rechenoperation her, da diese Verstärker ursprünglich als Bausteine für Analogrechner entwickelt worden sind.

Diese Verstärker können aus diskreten Bauelementen (Transistoren, Widerständen, Kondensatoren) zusammengeschaltet sein oder ihre Elemente sind in monolithischer Form aufgebaut.

In diesem Abschnitt werden Operationsverstärker als Bauelemente im Stromkreis betrachtet. Ihr Verhalten im Netzwerk steht damit im Vordergrund. Auf ihre Innenschaltung (z. B. Verwendung von Feldeffekt-Transistoren in der Eingangsstufe, Anwendung der Chopper-Stabilisation) wird nicht eingegangen.

13.1 Eigenschaften von Operationsverstärkern

Für die Darstellung wird für einen Operationsverstärker das folgende Symbol gewählt:

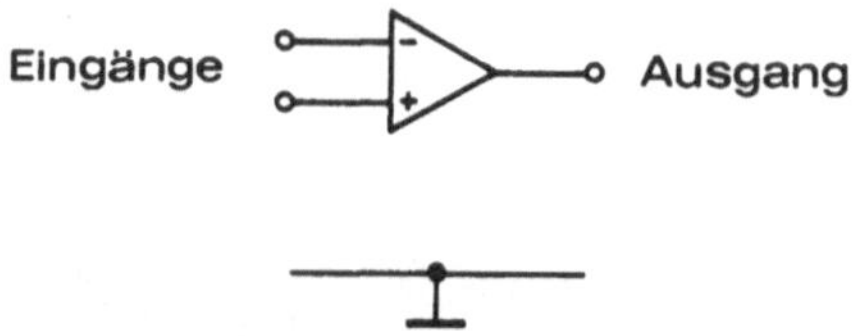

Bild 13.1 Schaltbild Operationsverstärker

Die Anschlüsse der Betriebs- oder Versorgungsspannung werden dabei nicht berücksichtigt. Als Bezugspunkt für alle Spannungsangaben wird die gemeinsame Masseleitung verwendet.

Als Operationsverstärker werden nahezu ausschließlich Differenzverstärker verwendet. Bei diesen Verstärkern wirkt als Eingangssignal die Differenz zweier Eingangsspannungen. Differenzverstärker sind wenigstens in der Eingangsstufe zweikanalig aufgebaut. Ihr Vorteil liegt darin, daß sich Verstärkungsfehler nur mit der Differenz der Fehler der beiden Kanäle bemerkbar machen.

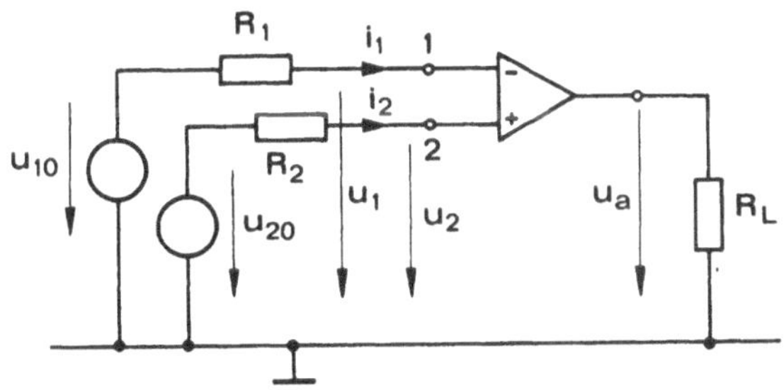

Bild 13.2 Zum Prinzip des Differenzeinganges bei Operationsverstärkern

Zwischen den Eingangsspannungen u_1 und u_2 des Verstärkers und der Ausgangsspannung u_a besteht die Beziehung:

$$u_a = (u_2 - u_1)\, v_0 \tag{13.1}$$

v_0 ist hierin die Spannungsverstärkung des Operationsverstärkers im Leerlauf. Praktische Anwendung finden Operationsverstärker mit $v_0 = 10^3$ bis $v_0 = 10^6$.

Einer der Eingänge kann auch mit Masse verbunden werden und damit seine Spannung den Wert Null erhalten.

Je nachdem, welcher es ist, ergibt sich ein anderes Verstärkerverhalten.

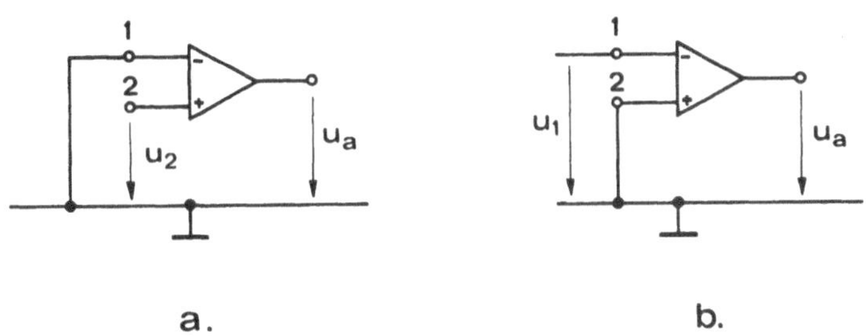

Bild 13.3 Operationsverstärker mit
a) nicht invertierendem Eingang
b) invertierendem Eingang

Bild 13.3 a zeigt die Schaltung mit $u_1 = 0$, und damit folgt aus (13.1):

$$u_a = u_2\, v_0 \tag{13.2}$$

In dieser Schaltung verhalten sich Ausgangs- und Eingangsspannung gleichsinnig. Der Eingang 2 des in Bild 13.2 dargestellten Operationsverstärkers ist der nichtinvertierende Eingang.

Bild 13.3 b zeigt die Schaltung mit $u_2 = 0$. Damit folgt aus (13.1)

$$u_a = -\, u_1\, v_0 \tag{13.3}$$

In dieser Schaltung verhalten sich Ausgangs- und Eingangsspannung gegensinnig. Der Eingang 1 ist der invertierende Eingang.

Im Schaltbild werden die Eingänge entsprechend durch + oder - gekennzeichnet.

Die Verstärkereigenschaften können in den Kennlinien dargestellt werden. Die Abhängigkeit der Ausgangsspannung u_a von der Eingangsspannung $(u_2 - u_1)$ ist in Bild 13.4 aufgezeichnet.

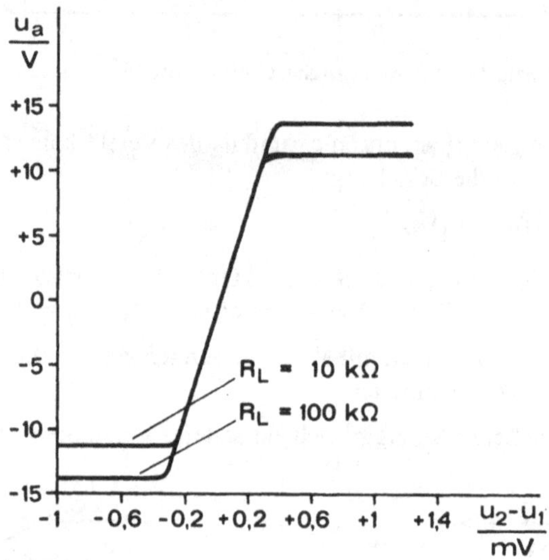

Bild 13.4 Abhängigkeit der Ausgangsspannung u_a von der Eingangsspannung $(u_2 - u_1)$ für einen Operationsverstärker mit ± 15 V Betriebsspannung

Die Kennlinien zeigen, daß innerhalb eines bestimmten Bereiches der Eingangsspannung und damit auch innerhalb eines bestimmten Bereiches der Ausgangsspannung der Zusammenhang zwischen beiden linear ist. Diese Linearität ist außerordentlich gut. Der durch die lineare Abhängigkeit gekennzeichnete Bereich der Ausgangsspannung wird mit Hub bezeichnet. Wegen des inneren Spannungsbedarfs ist der Hub immer etwas kleiner als die Summe der Versorgungsspannungen. Das Bild 13.4 zeigt auch, daß der Hub vom Lastwiderstand R_L abhängig ist.

Der Anstieg des linearen Teiles der Kennlinie in Bild 13.4, der die Verstärkung v_0 darstellt, ist nicht konstant. Er hängt besonders von der Frequenz und der Temperatur ab. Bei großen Frequenzen fällt v_0 stark ab. Der Anwendungsbereich wird durch die Grenzfrequenz begrenzt.

Ein idealer Operationsverstärker ist dadurch gekennzeichnet, daß für seine Verstärkung v_0 der Wert Unendlich angenommen wird und daß sein Eingangswiderstand ebenfalls unendlich groß ist.

Neben einer endlichen Verstärkung, die noch von verschiedenen Parametern abhängt, und endlichen Werten des Eingangswiderstandes sind es vor allem die folgenden Eigenschaften, die einen realen von einem idealen Operationsverstärker unterscheiden.

Eine besondere Form der Ansteuerung liegt vor, wenn an beide Eingänge dieselbe Spannung gelegt wird – Gleichtaktansteuerung. Entsprechend (13.1) müßte wegen $(u_2 - u_1) = 0$ auch $u_a = 0$ bleiben. Das ist beim nicht-idealen Operationsverstärker nicht der Fall. Dieser hat also auch eine Gleichtaktverstärkung v_{0CM}. Sie ist die Leerlaufverstärkung bei gleichphasiger Ansteuerung. Zur Unterscheidung kann die Leerlaufverstärkung bei gegenphasiger Ansteuerung mit v_{0Diff} – Differenzverstärkung bezeichnet werden.

Als Maß für die Abweichung eines Verstärkers vom idealen Verhalten wird der Quotient von Differenzverstärkung und Gleichtaktverstärkung angegeben. Dieser wird mit Gleichtaktunterdrückung G bezeichnet.

$$G = \frac{v_{0Diff}}{v_{0CM}} \qquad (13.4)$$

Beim nicht-idealen Operationsverstärker kann auch eine Ausgangsspannung auftreten, obwohl beide Eingangsspannungen Null sind. Durch eine entsprechende Ansteuerung kann diese fehlerhafte Ausgangsspannung beseitigt werden. Unter der Eingangs-Versatzspannung u_0 wird diejenige Spannungsdifferenz verstanden, die notwendig ist, um die Ausgangsspannung auf den Wert Null einzustellen:

$$u_0 = u_2 - u_1 \qquad \text{für} \qquad u_a = 0$$

Die Versatzspannung ist eine Folge der Exemplarstreuung und kann für jedes Exemplar einzeln durch äußere Bauelemente abgeglichen werden.

Die Werte der Versatzspannung und ihre Temperaturabhängigkeit sind neben der Gleichtaktunterdrückung ein wesentliches Qualitätsmerkmal von Operationsverstärkern. Die Versatzspannung wird einem englischen Ausdruck entsprechend auch mit Offset-Spannung bezeichnet.

13.2 Prinzip der Gegenkopplung beim Operationsverstärker

Die in Bild 13.2 angegebene Schaltung nutzt die hohe Spannungsverstärkung des Operationsverstärkers aus. Sie hat jedoch den Nachteil, daß die Verstärkung nicht konstant ist. Sie hängt vielmehr von verschiedenen Einflußgrößen (Frequenz, Temperatur, Betriebsspannung, Innenwiderstand der Eingangsquellen, Belastungswiderstand) ab. Die Abhängigkeit von diesen Einflußgrößen wird verringert und zugleich die Verstärkung herabgesetzt, wenn der Verstärker gegengekoppelt betrieben wird. Diese Gegenkopplung kann durch äußere Netzwerkselemente leicht und genau eingestellt werden.

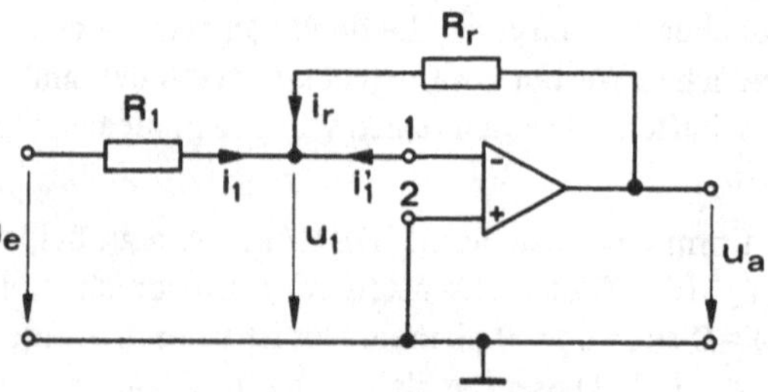

Bild 13.5 Gegenkopplung eines Operationsverstärkers

Das Bild 13.5 zeigt eine einfache Möglichkeit für die Gegenkopplung des Operationsverstärkers. Für den Verstärker gilt (13.3):

$$u_a = -u_1 v_0$$

Es sei darauf hingewiesen, daß nur der Anschluß des Widerstandes R_r an den invertierenden Eingang eine Gegenkopplung ergibt. Wird R_r an den nicht-invertierenden Eingang geschaltet, so findet eine Mitkopplung statt.

Für den Knotenpunkt am Eingang 1 ergibt sich:

$$i_1 + i_1' + i_r = 0 \tag{13.5}$$

Ferner für zwei Maschen des Netzwerkes:

$$i_1 = \frac{u_e - u_1}{R_1}, \qquad i_r = \frac{u_a - u_1}{R_r} \tag{13.6}$$

Es soll zunächst ein idealer Operationsverstärker angenommen werden. In den Gleichungen (13.5) und (13.6) kann dann mit $u_1 = 0$ und $i_1' = 0$ gerechnet werden. Unter diesen Voraussetzungen ergibt sich für die Verstärkung des gegengekoppelten, idealen Operationsverstärkers:

$$v_g = \frac{u_a}{u_e} = -\frac{R_r}{R_1} \tag{13.7}$$

Die Beziehung (13.7) zeigt, daß die Verstärkung v_g nur von Elementen außerhalb des Operationsverstärkers abhängt. Sie ist wegen der Gegenkopplung kleiner als die Leerlaufverstärkung v_0.

Wird jetzt die endliche Leerlaufverstärkung berücksichtigt, jedoch ein unendlicher Eingangs-Widerstand angenommen, so folgt aus (13.5) und (13.6):

$$v_g = \frac{u_a}{u_e} = -\frac{R_r}{R_1} \frac{1}{1 + \frac{1}{v_0}\left(1 + \frac{R_r}{R_1}\right)} = -\frac{1}{\frac{1}{v_0} + \frac{R_1}{R_r}\left(1 + \frac{1}{v_0}\right)} \tag{13.8}$$

Da $1 + \frac{1}{v_0} \approx 1$, kann (13.8) angenähert geschrieben werden:

$$v_g \approx - \frac{1}{\frac{1}{v_0} + \frac{R_1}{R_r}} \tag{13.9}$$

Wegen der großen Werte von v_0 kann bei der praktischen Anwendung fast immer mit der Gleichung (13.7) gerechnet werden.

Aus der Gleichung (13.9) läßt sich auch die Änderung der Verstärkung mit Gegenkopplung ableiten, für den Fall, daß sich die Leerlaufverstärkung des Operationsverstärkers ändert. Aus der Beziehung (13.9) folgt:

$$\left| \frac{dv_g}{dv_0} \right| = v_g^2 \frac{1}{v_0^2}$$

$$\left| \frac{dv_g}{v_g} \right| = \frac{v_g}{v_0} \left| \frac{dv_0}{v_0} \right| \tag{13.10}$$

Die Beziehung (13.10) beschreibt die relative Änderung der Verstärkung des gegengekoppelten Verstärkers in Abhängigkeit von der relativen Änderung der Leerlaufverstärkung.

Da v_g stets wesentlich kleiner ist als v_0, geht eine Änderung der Leerlaufverstärkung nur wenig in die Verstärkungsänderung des gegengekoppelten Operationsverstärkers ein.

13.3 Beispiele für Gegenkopplungsschaltungen

Da die erreichte Genauigkeit in den meisten Fällen für die praktische Anwendung ausreicht, soll im folgenden mit idealen Operationsverstärkern gerechnet werden. Dann gilt (Bild 13.5) $u_1 = 0$ und $i_1' = 0$.

Da die Gegenkopplung durch äußere Netzwerkselemente eingestellt wird, gibt es dafür sehr viele Schaltungsmöglichkeiten. Es kann unterschieden werden zwischen linearen und nicht-linearen sowie frequenzunabhängigen und von der Frequenz abhängigen Gegenkopplungsnetzwerken.

Bei der im Bild 13.5 dargestellten Schaltung erfolgt die Gegenkopplung über einen linearen, frequenzunabhängigen Widerstand.

Die im folgenden Bild 13.6 dargestellte Schaltung enthält ein lineares, frequenzabhängiges Element im Gegenkopplungszweig.

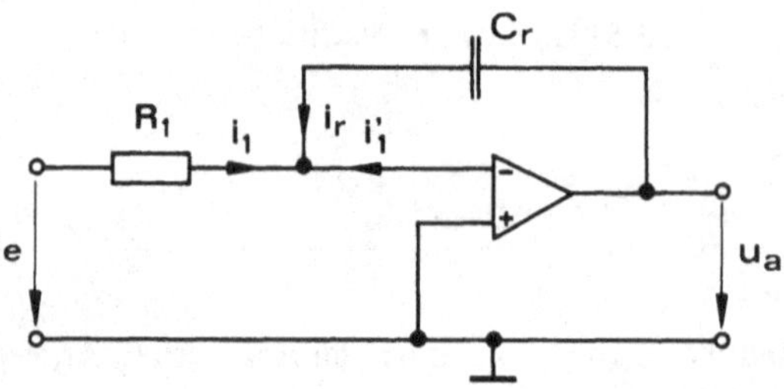

Bild 13.6 Operationsverstärker als Integrator

Wegen der Voraussetzung eines idealen Operationsverstärkers gilt:

$$i_1 = \frac{u_e}{R_1} \qquad i_r = C_r \frac{d\,u_a}{dt} \tag{13.11}$$

Aus $i_1 + i_r + i_1' = 0$ mit $i_1' = 0$ folgt aus (13.11)

$$u_a = -\frac{1}{R_1\,C_r} \int u_e\,dt \tag{13.12}$$

Die Gleichung (13.12) zeigt, daß ein Operationsverstärker in der in Bild 13.6 gezeigten Schaltung als **Integrator** arbeitet. Durch weitere Elemente im Gegenkopplungszweig können die Integrationszeit und die Anfangsbedingung eingestellt werden.

Ist die Eingangsspannung ein sinusförmiges Signal $u_e(t) = \hat{u}_e \sin \omega t$ und wird der lineare Bereich des Verstärkers nicht verlassen, dann kann die komplexe Rechnung angewendet werden.

$$\underline{Z}_r = \frac{1}{j\omega C_r}$$

$$\underline{U}_a = -\frac{1}{j\omega C_r\,R_1}\,\underline{U}_e \tag{13.13}$$

Zur Darstellung der Frequenzabhängigkeit kann die Darstellung der Frequenzgänge der Verstärkung und des Phasenwinkels zwischen Eingangs- und Ausgangsspannung verwendet werden.

Die dB-Zahl der Verstärkung ergibt sich nach Abschn. 5 für das Beispiel des Integrators zu

$$\text{dB-Zahl} = 20 \lg \left(\frac{U_a}{U_e}\right) = -20 \lg \omega\tau \tag{13.14}$$

Hierin wurde abgekürzt $\tau = C_r\,R_1$.

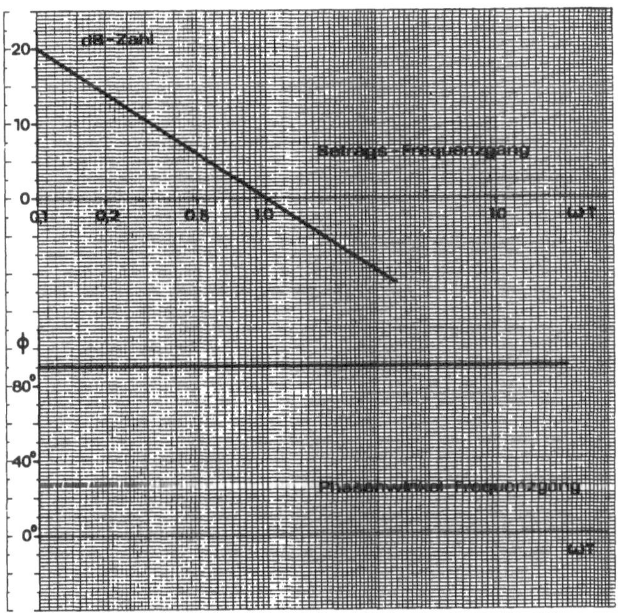

Bild 13.7 Betrags- und Phasenwinkel-Frequenzgang eines Integrators

Mit einem Operationsverstärker können auch Summen von Spannungen integriert werden, wie das folgende Beispiel zeigt:

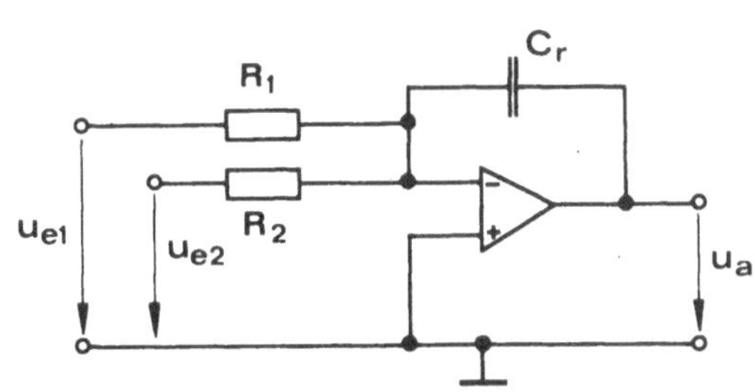

Bild 13.8 Operationsverstärker als integrierender Summierverstärker

Für die im Bild 13.8 dargestellte Schaltung ergibt sich:

$$u_a = -\frac{1}{C_r} \int \left(\frac{u_{e1}}{R_1} + \frac{u_{e2}}{R_2}\right) dt \tag{13.15}$$

Das Bild 13.9 zeigt die Anwendung eines Gegenkopplungsnetzwerkes mit nichtlinearen Elementen.

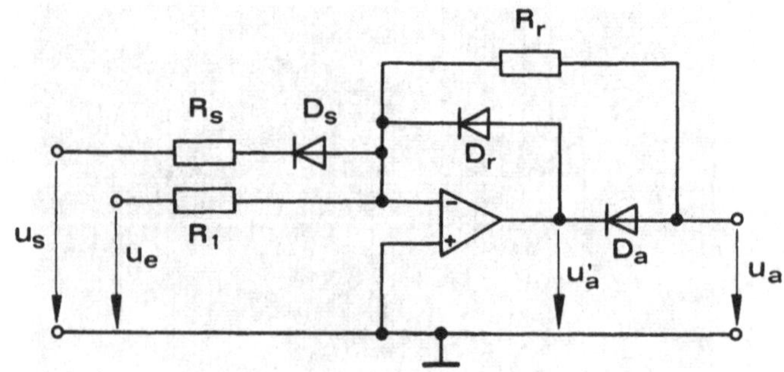

Bild 13.9 Operationsverstärker als Präzisionsschalter für $u_e > 0$, u_s Schaltspannung

Diese Anordnung arbeitet als elektronischer Präzisionsschalter, der abhängig von der Steuerspannung u_s eine Ausgangsspannung liefert oder nicht.

Bei der Untersuchung dieser Schaltung werden neben dem Operationsverstärker auch die Dioden als ideale Elemente angenommen.

Für $u_s \geqslant 0$ ist die Diode D_s gesperrt. Da $u_e > 0$ ist die Spannung u'_a am Ausgang des Operationsverstärkers negativ. Dadurch sperrt Diode D_r und D_a leitet. Die Schaltung arbeitet als einfacher Umkehrverstärker:

$$u_a = -\frac{R_r}{R_1} u_e \quad \text{für} \quad u_s \geqslant 0 \text{ und } u_e > 0 \tag{13.16}$$

Bei $u_s < 0$ wird die Diode D_s leitend. Solange aber $u'_a \leqslant 0$ ist, ändern D_r und D_a ihren Schaltzustand nicht.

$$u_a = -\left(\frac{R_r}{R_1} u_e + \frac{R_r}{R_s} u_s\right) \quad \text{für} \quad 0 > u_s > -\frac{R_s}{R_1} u_e \tag{13.17}$$

Die Spannung u'_a wird positiv, wenn

$$\frac{R_r}{R_s} u_s < -\frac{R_r}{R_1} u_e \tag{13.18}$$

In diesem Zustand sperrt D_a und die Ausgangsspannung hat den Wert Null

$$u_a = 0 \quad \text{für} \quad u_s < -\frac{R_s}{R_1} u_e \tag{13.19}$$

In diesem Zustand liegt allerdings der Widerstand R_r über der elektronischen Schaltstrecke.

13.4 Aufgaben zum Abschnitt 13

Aufgabe 13.41

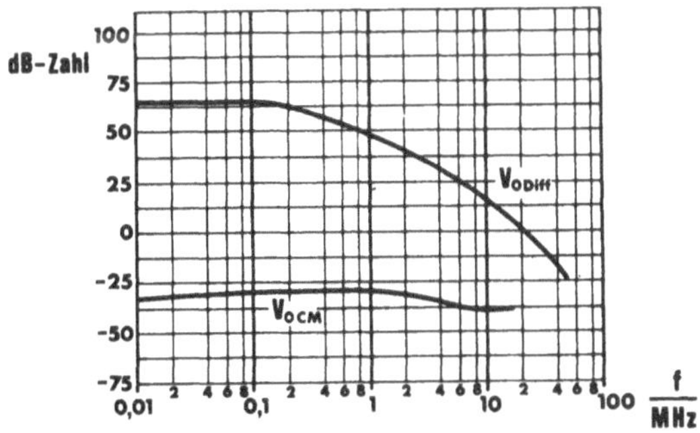

Das Bild zeigt die typische Frequenzabhängigkeit der Leerlauf-Differenzverstärkung v_{0Diff} und der Leerlauf-Gleichtaktverstärkung v_{0CM}. Für die Frequenzen 0,1; 1 und 10 MHz ist die Gleichtaktunterdrückung zu berechnen.

Aufgabe 13.42

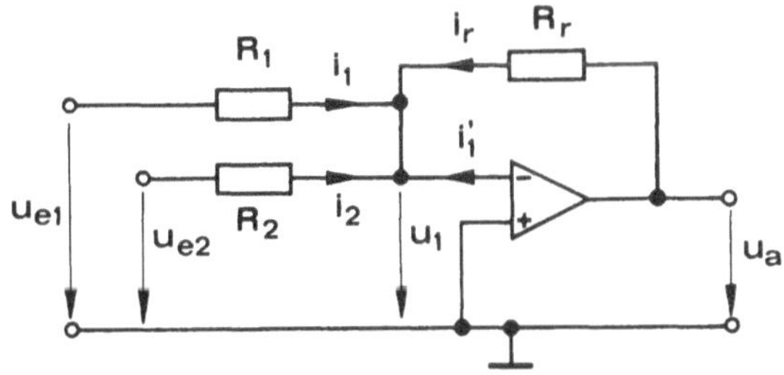

Unter der Annahme eines idealen Operationsverstärkers ist die Abhängigkeit der Ausgangsspannung von den Eingangsspannungen abzuleiten. Welche Rechenoperation führt die Schaltung durch?

Aufgabe 13.43

Wie groß muß der Integrationskondensator C_r bei einem Integrator mindestens sein, wenn bei f = 100 kHz und R_1 = 80 kΩ die dB-Zahl der Verstärkung nicht kleiner als 6 sein soll? Für einen Scheitelwert der Ausgangsspannung von $\hat{u}_a$ = 4 V muß der Scheitelwert der Eingangsspannung welchen Wert haben? Es werden sinusförmige Größen angenommen.

Aufgabe 13.44

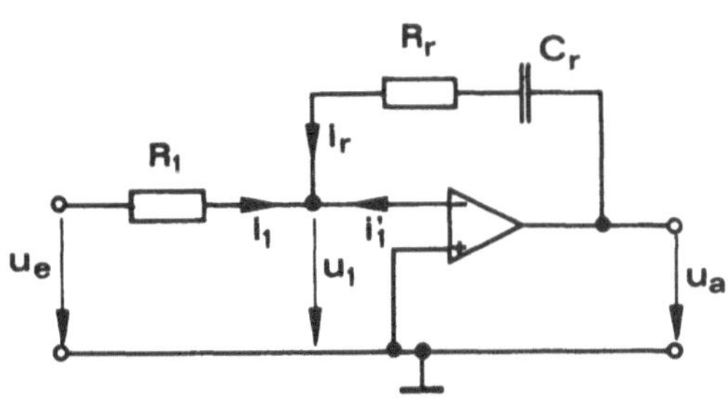

Die Abhängigkeit der Ausgangsspannung von der Eingangsspannung ist abzuleiten. Betrags- und Phasenwinkel-Frequenzgang der Verstärkung sind darzustellen. Für die Darstellung soll $R_r = 10\,R_1$ gewählt werden.

Aufgabe 13.45

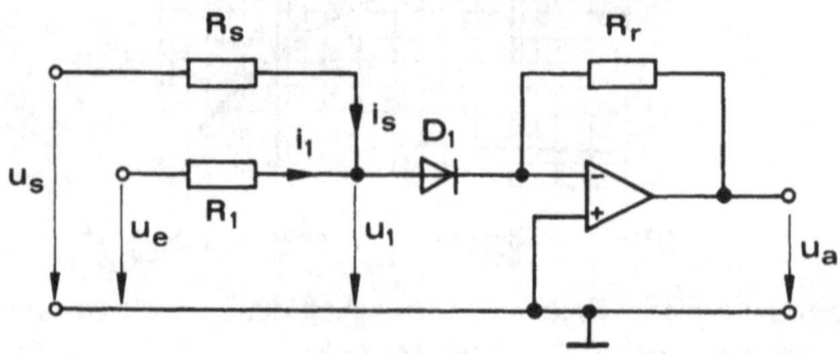

Die Abhängigkeit der Ausgangsspannung u_a von der Eingangsspannung u_e ist abzuleiten und graphisch darzustellen. Die Spannung u_s hat einen festen Wert.

Lösungen der Aufgaben zum Abschnitt 13

Aufgabe 13.41

Aus dem Bild in der Aufgabenstellung gehen folgende dB-Zahlen für die Verstärkung hervor:

$\frac{f}{\text{MHz}}$	dB-Zahl von $v_{0\,\text{Diff}}$	dB-Zahl von $v_{0\,\text{CM}}$	dB-Zahl der Gleichtaktunterdrückung G
0,1	65	- 30	95
1	45	- 30	75
10	14	- 38	52

Entsprechend der Beziehung (13.4) sind die dB-Zahlen von $v_{0\,\text{Diff}}$ und $v_{0\,\text{CM}}$ zu subtrahieren, um zur dB-Zahl der Gleichtaktunterdrückung zu kommen. Das Ergebnis ist in der Tabelle mit eingetragen.

Aufgabe 13.42

Wegen des idealen Operationsverstärkers kann wieder $i_1' = 0$ und $u_1 = 0$ angenommen werden.

Dann gilt $i_1 + i_2 + i_r = 0$

$$\frac{u_{e1}}{R_1} + \frac{u_{e2}}{R_2} + \frac{u_a}{R_r} = 0$$

Die Abhängigkeit der Ausgangsspannung:

$$u_a = -\left(\frac{R_r}{R_1} u_{e1} + \frac{R_r}{R_2} u_{e2}\right)$$

Die Schaltung arbeitet als Summierverstärker. Sie bewertet die Eingangsspannungen entsprechend den Widerstandsverhältnissen $\frac{R_r}{R_1}, \frac{R_r}{R_2}$ und addiert die bewerteten Eingangsspannungen.

Aufgabe 13.43

Aus dem Bild 13.7 ergibt die dB-Zahl 6 ein $\omega\tau = 0{,}5$. Damit und der Beziehung $\tau = C_r R_1$:

$$C_r \leqslant \frac{0{,}5}{\omega R_1}$$

$$C_r \leqslant \frac{0{,}5 \text{ A}}{2\pi\, 10^5 \text{ s}^{-1}\, 80 \cdot 10^3 \text{ V}} = 9{,}9 \text{ pF}$$

Eine dB-Zahl der Verstärkung von 6 entspricht einem Spannungsverhältnis $\frac{U_a}{U_e} = 2{,}0$ (Tab. 5.1, Band I)

$$\hat{u}_e = \frac{1}{2} \hat{u}_a = 2 \text{ V}$$

Diesen Wert muß die Eingangsspannung annehmen, damit die gestellte Forderung erfüllt wird.

Aufgabe 13.44

Wegen der Annahme eines idealen Operationsverstärkers gilt wieder

$$i_1' = 0 \quad \text{und} \quad u_1 = 0$$

Für den Knotenpunkt am Eingang des Verstärkers:

$$i_1 + i_r = 0$$

Auf der Eingangsseite ergibt sich: $i_1 = \frac{u_e}{R_1}$

Auf der Ausgangsseite: $u_a = i_r R_r + \frac{1}{C_r} \int i_r \, dt$

Damit die Ausgangsspannung:

$$u_a = -\left(\frac{R_r}{R_1} u_e + \frac{1}{C_r R_1} \int u_e \, dt\right)$$

Für eine sinusförmige Eingangsspannung und Betrieb im linearen Bereich ergibt die Rechnung:

$$\underline{I}_1 + \underline{I}_r = 0 \qquad \underline{I}_1 = \frac{\underline{U}_e}{R_1}$$

$$\frac{\underline{U}_a}{\underline{U}_e} = -\left(\frac{R_r}{R_1} + \frac{1}{j\omega\, C_r\, R_1}\right)$$

Wird $C_r\, R_1 = \tau$ eingeführt, ergibt sich:

$$\frac{\underline{U}_a}{\underline{U}_e} = -\left(\frac{R_r}{R_1} + \frac{1}{j\omega\tau}\right)$$

Hieraus folgt der Betragsfrequenzgang:

$$\frac{U_a}{U_e} = \sqrt{\left(\frac{R_r}{R_1}\right)^2 + \left(\frac{1}{\omega\tau}\right)^2}$$

und der Phasenwinkel-Frequenzgang:

$$\varphi = \arc\tan\left(-\frac{R_1}{\omega\tau\, R_r}\right)$$

Zur Darstellung wird von den Asymptoten Gebrauch gemacht:

$$\omega\tau \ll \frac{R_1}{R_r}: \quad \frac{U_a}{U_e} \approx \frac{1}{\omega\tau}$$

$$\text{dB-Zahl} = 20 \lg \frac{U_a}{U_e} \approx -20 \lg \omega\tau$$

Die Asymptote für $\omega\tau \ll \frac{R_1}{R_r}$ ist eine Gerade mit Ausstieg $\left(-\frac{20}{\text{Dekade}}\right)$.

$\varphi \approx 90°$

$$\omega\tau \gg \frac{R_1}{R_r}: \quad \frac{U_a}{U_e} \approx \frac{R_r}{R_1}$$

$$\text{dB-Zahl} = 20 \lg \frac{U_a}{U_e} \approx 20 \lg \frac{R_r}{R_1}$$

Die Asymptote für $\omega\tau \gg \frac{R_1}{R_r}$ ist eine Parallele zur $\omega\tau$-Achse im

Abstand $20 \lg \frac{R_r}{R_1}$

$\varphi \approx 180°$

Bei der Berechnung des Winkels ist der negative Realteil und der positive Imaginärteil des Spannungsverhältnisses zu beachten.

$$\omega\tau = \frac{R_1}{R_r}: \quad \frac{U_a}{U_e} = \sqrt{2}\,\frac{R_r}{R_1}$$

$$\text{dB-Zahl} = 3 + 20 \lg \frac{R_r}{R_1}$$

$$\varphi = 135^\circ$$

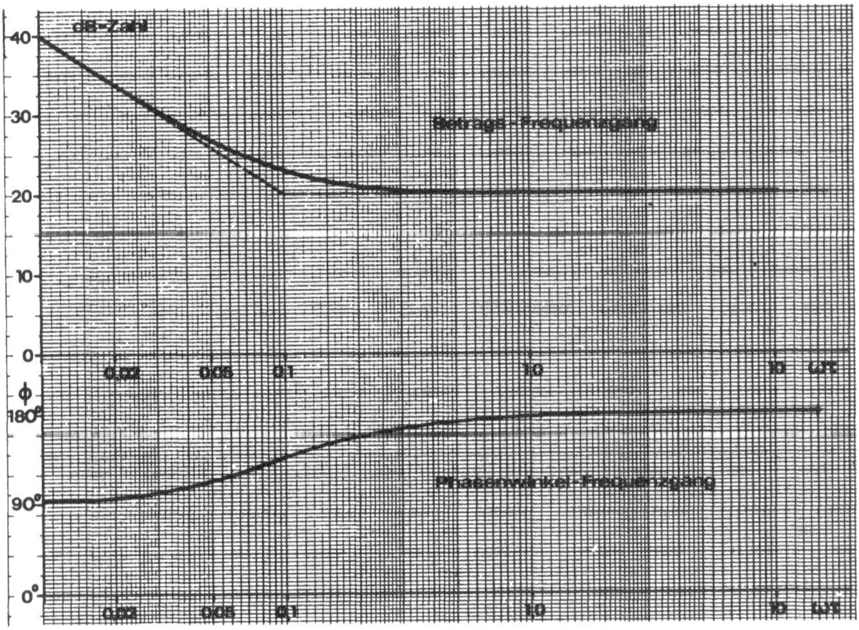

Die Frequenzgänge sind gezeichnet für $\frac{R_r}{R_1} = 10$

Aufgabe 13.45

Es wird wieder mit einem idealen Operationsverstärker und einer idealen Diode gerechnet.

Die Diode D_1 sperrt, wenn $u_1 \leqslant 0$.

Das ist gleichbedeutend mit $u_e \leqslant -\frac{R_1}{R_s} u_s$

Wenn die Diode D_1 sperrt, hat die Ausgangsspannung den Wert Null.

$$u_a = 0 \quad \text{für} \quad u_e \leqslant -\frac{R_1}{R_s} u_s$$

Für $u_1 > 0$, gleichbedeutend mit $u_e > -\frac{R_1}{R_s} u_s$, ist die Diode D_1 leitend und der Operationsverstärker arbeitet als Summierverstärker. Dann ist die Ausgangsspannung u_a:

$$u_a = -\left(\frac{R_r}{R_1} u_e + \frac{R_r}{R_s} u_s\right) \quad \text{für} \quad u_e > -\frac{R_1}{R_s} u_s$$

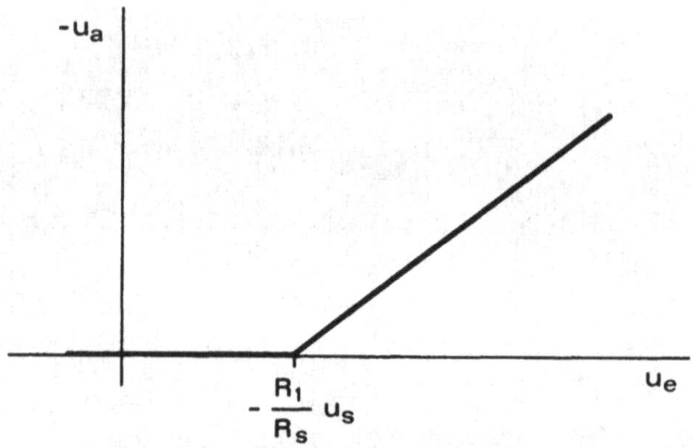

Wie das Ergebnis zeigt, kann diese Schaltung zum Nachbilden einer Kennlinie verwendet werden. Durch die Widerstände R_1, R_s, R_r läßt sich sowohl die Steigung als auch der Knickpunkt der Kennlinie einstellen.

14. Anhang: Zusammenstellung einiger Begriffe aus der Vektorrechnung

14.1 Skalare und vektorielle Größen

Physikalische Größen, die durch Angabe eines Zahlenwertes und einer Einheit vollständig bestimmt sind, heißen skalare Größen oder Skalare.

Beispiele: Temperatur, Zeit, elektrischer Widerstand

Physikalische Größen, die zusätzlich zum Zahlenwert und der Einheit einer Richtungsangabe zur vollständigen Beschreibung bedürfen, werden vektorielle Größen – Vektoren – genannt.

Beispiele: Kraft, Geschwindigkeit, elektrische Feldstärke

Schreibweise skalarer Größen: ϑ, t, R

Schreibweise vektorieller Größen: $\vec{F}$, $\vec{v}$, $\vec{E}$

14.2 Vektorielle Darstellung im rechtwinkligen Koordinatensystem

Ein Vektor kann durch das Produkt, gebildet aus dem Vektor des Betrages Eins und dem Betrag des Vektors dargestellt werden:

$$\vec{F} = |\vec{F}|\, \vec{e}_F = F\, \vec{e}_F \tag{14.1}$$

$\vec{e}_F$ wird Einheitsvektor der F-Richtung genannt.

Werden drei zueinander senkrechte Einheitsvektoren $\vec{e}_x$, $\vec{e}_y$, $\vec{e}_z$ als Achsen eines Koordinatensystems gewählt, dann kann ein Vektor darin wie folgt dargestellt werden:

$$\vec{H} = H_x\, \vec{e}_x + H_y\, \vec{e}_y + H_z\, \vec{e}_z \tag{14.2}$$

H_x, H_y, H_z sind die Beträge der Komponenten von $\vec{H}$ in x-, y- und z-Richtung genannt.

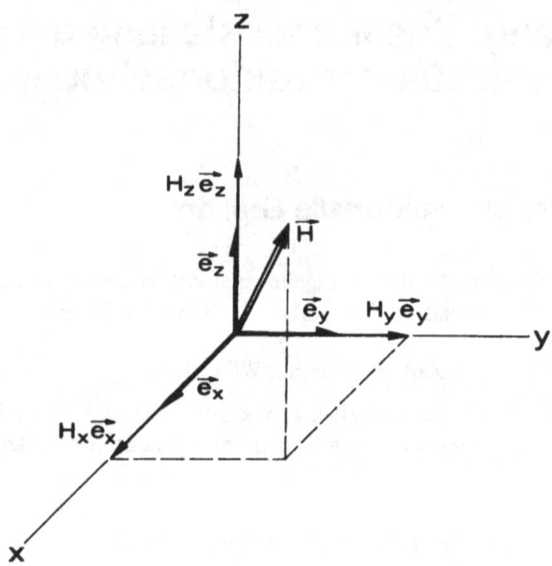

Bild 14.1 Darstellung eines Vektors in rechtwinkligen Koordinaten

14.3 Vektor-Eigenschaften von Weg- und Flächenelementen

Als Wegelement, z. B. im Punkt 1 einer Kurve s, wird ein kleines Stück ds dieser Kurve bezeichnet, dem als Richtung die Richtung der Tangente an die Kurve im Punkt A zugeordnet wird.

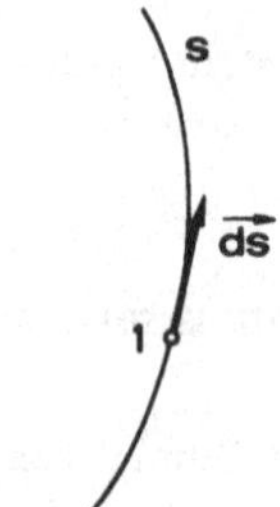

Bild 14.2 Zur Definition des Wegelementes $\vec{ds}$

Als Flächenelement, z. B. bei 1 auf einer Fläche, wird ein kleiner Ausschnitt dieser Fläche dA bezeichnet, dem als Richtung die Richtung des Normalvektors im Punkt 1 zugeordnet wird.

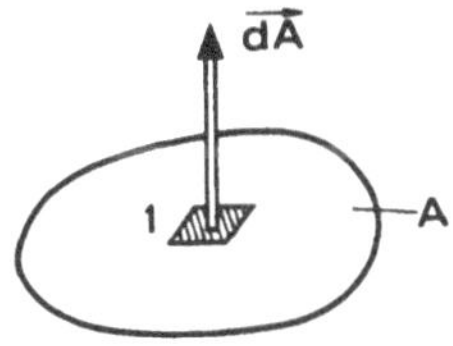

Bild 14.3 Zur Definition des Flächenelementes $\vec{dA}$

14.4 Skalares Produkt

Das skalare oder innere Produkt zweier Vektoren ist als Skalar definiert:

$$\vec{H} \cdot \vec{S} = |\vec{H}|\,|\vec{S}| \cos \sphericalangle (\vec{H}, \vec{S}) = W \tag{14.3}$$

$\sphericalangle (\vec{H}, \vec{S})$ bezeichnet den Winkel zwischen den Vektoren $\vec{H}$ und $\vec{S}$.

Es gilt das kommutative Gesetz:

$$\vec{H} \cdot \vec{S} = \vec{S} \cdot \vec{H} \tag{14.4}$$

Es gilt das distributive Gesetz:

$$(\vec{H} + \vec{E}) \cdot \vec{S} = \vec{H} \cdot \vec{S} + \vec{E} \cdot \vec{S} \tag{14.5}$$

14.5 Vektorielles Produkt

Das vektorielle oder äußere Produkt zweier Vektoren ist als Vektor definiert:

$$\vec{H} \times \vec{R} = \vec{M} \tag{14.6}$$

$$|\vec{M}| = |\vec{H}|\,|\vec{R}| \sin \sphericalangle (\vec{H}, \vec{R})$$

Die Richtung von $\vec{M}$ ist als Senkrechte auf der von $\vec{H}$ und $\vec{R}$ gebildeten Fläche definiert.

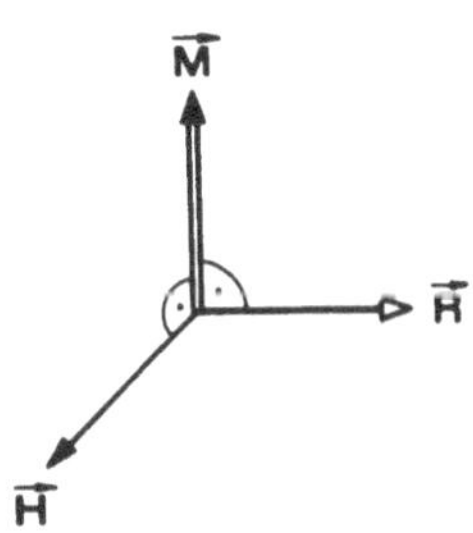

Bild 14.4 Richtungsbestimmung des vektoriellen Produktes $\vec{H} \times \vec{R} = \vec{M}$

$\vec{M}$ steht damit senkrecht sowohl auf $\vec{H}$ als auch auf $\vec{R}$. $\vec{H}$, $\vec{R}$ und $\vec{M}$ sind miteinander wie eine rechtsgängige Schraube verknüpft. Das bedeutet, daß beim Drehen des Vektors $\vec{H}$ auf dem kürzesten Weg in die Richtung des Vektors $\vec{R}$, sich die Richtung von $\vec{M}$ als die Bewegungsrichtung einer Rechtsschraube ergibt.

Das kommutative Gesetz gilt für das vektorielle Produkt nicht, sondern:

$$\vec{H} \times \vec{R} = \vec{M}, \qquad \vec{R} \times \vec{H} = -\vec{M} \tag{14.7}$$

Dagegen gilt das distributive Gesetz:

$$(\vec{A} + \vec{B}) \times \vec{R} = \vec{A} \times \vec{R} + \vec{B} \times \vec{R} \tag{14.8}$$

14.6 Differentiation eines Vektors nach einem Skalar

Für die Differentiation eines Vektors nach einem Skalar gilt:

$$\frac{d\vec{H}}{dt} = \vec{e}_x \frac{dH_x}{dt} + \vec{e}_y \frac{dH_y}{dt} + \vec{e}_z \frac{dH_z}{dt} \tag{14.9}$$

Dabei wird ein zeitunabhängiges Koordinatensystem angenommen.

Literatur

Lehrbücher

Küpfmüller, K.: Einführung in die theoretische Elektrotechnik. 2. Aufl. Berlin–Göttingen–Heidelberg 1968.

Schönfeld, H.: Die wissenschaftlichen Grundlagen der Elektrotechnik. 3. Aufl. Berlin–Göttingen–Heidelberg 1960.

Schütz, E.: Grundzüge der Elektrotechnik. Berlin–Göttingen–Heidelberg 1956.

Gehrtsen, Chr.: Physik. 11. Aufl. Berlin–Heidelberg–New York 1971.

Leonhard, W.: Wechselströme und Netzwerke. 2. Aufl. Braunschweig 1971.

Michael, W.: Ortskurvengeometrie in der komplexen Zahlenebene. Basel 1950.

Wijn, H. P. J. und *P. Dullenkopf:* Werkstoffe der Elektrotechnik. Berlin-Heidelberg–New York 1967.

Unger, H.-G. und *W. Schultz:* Elektronische Bauelemente und Netzwerke. 2 Bde. Braunschweig 1969.

Tietze, U. und *Ch. Schenk:* Halbleiter-Schaltungstechnik. 2. Aufl. Berlin-Heidelberg–New York 1971.

Handbücher und Nachschlagewerke

DIN-Taschenbuch Nr. 22: Einheiten und Formelgrößen. 2. Aufl. Berlin 1969.

DIN-Taschenbuch Nr. 7: Schaltzeichen und Schaltpläne für die Elektrotechnik. 4. Aufl. Berlin 1970.

Handbuch der Elektrotechnik: Siemens AG. Essen 1971.

Philippow, E.: Taschenbuch Elektrotechnik. Band 1: Grundlagen. Berlin 1968.

Meinke, H. und *F. W. Gundlach:* Taschenbuch der Hochfrequenztechnik. 3. Aufl. Berlin 1971.

Die Transistor-Kennlinien im Abschn. 12 sind Unterlagen der Fa ITT Intermetall Freiburg entnommen.

Sachregister

abgeglichene Brückenschaltung I/70
abgeleitete Einheiten I/11
Äquipotentialflächen II/15
Äquipotentiallinien II/15
äquivalente Ersatzgröße I/52
äußeres Produkt II/133
aktiver Zweipol I/33
aktives Netzwerkselement I/33
Aluminium I/24
Ampere I/17
Anfangsbedingung I/171
anisotropes Material II/13, II/19, II/45
Anpassung I/59
aperiodischer Grenzfall I/180
aperiodisches Einschwingen I/180
Arbeitsgerade I/145, II/98
Arbeitspunkt I/145, II/98
arithmetischer Mittelwert I/32
Augenblickswert I/30
Ausgangs-Kennlinien (Transistor) II/91
Ausgangswiderstand II/95
Ausgleichsvorgang I/171
Außenleiter I/90
Außenleiterspannung I/90
Aussteuerung I/149

Bahnkurve II/28
Bandbreite I/121
Basis II/90
Basiseinheit I/11
Basisschaltung II/93
Betrags-Frequenzgang I/113
betragssymmetrisch I/88
Biot-Savartsches Gesetz II/41
Blind-Komponente I/82
Blindleistung I/86
Blindspannung I/82
Blindstrom I/84
Blindwiderstand I/83
Bode-Diagramm I/114

Coulomb I/17
Coulombsches Gesetz II/16
Curie-Punkt I/25

dB-Zahl I/115
Dielektrikum II/16
Dielektrizitätskonstante II/20
differentieller Ausgangswiderstand II/93, II/100
differentieller Eingangswiderstand II/92, II/100
differentieller Widerstand I/147
Differenzeingang II/117
Differenzverstärker II/116
Differenzverstärkung II/119
Dioden-Ersatzschaltbild II/90
Draht I/16
Dreher I/79
Drehstromsystem I/88
Dreieckschaltung I/89
Dreieckspannung I/90
Dreiphasensystem I/88
Drosselspule I/37
Durchflutung II/50
Durchflutungssatz II/41
Dynamoblech II/48

Ebene, Y- I/107
Ebene, Z- I/106
Effektivwert I/33, 154
Eingangs-Kennlinien (Transistor) II/91
Eingangs-Versatzspannung II/119
Eingangswiderstand II/95
Einheit I/11
Einheitensystem I/11
Einheitskreis I/108
Einheitsvektor II/16, II/131
Einkristall II/90
Eisenweg II/48
Einschaltzeitpunkt I/176
elektrische Erregung II/19
elektrische Feldstärke I/19, II/11
elektrische Ladung I/15
elektrische Spannung I/18
elektrischer Leitwert I/22
elektrischer Strom I/16
elektrischer Stromkreis I/29, 59
elektrischer Verschiebungsfluß II/18
elektrischer Widerstand I/21
elektrisches Feld I/15, 18

elektrisches Feld im Leiter II/11
elektrisches Feld im Nichtleiter II/16
elektrisches Netzwerk I/29
elektrisches Potential I/20, II/11
elektromagnetischer Generator II/65
elektromagnetischer Motor II/66
Elektron I/15
elektrostatisches Feld II/16
Elementarladung I/15, 18
Emitter II/90
Emitterfolger II/95
Emitterschaltung II/93
Emitterwiderstand II/99
Energie I/21
Energiedichte II/25, II/76
Entmagnetisierung II/47
Ersatzspannungsquelle I/60
Ersatzstromquelle I/60
Erzeuger I/48

Faktor der Gegeninduktion II/72
Faktor der Selbstinduktion II/71
Farad I/38
Feldgrößen II/16, II/38
Feldlinien II/14
ferromagnetische Stoffe II/45
Flächenelement II/112
Flächenintegral II/41
Frequenz I/30
Frequenzgang I/112

Gegeninduktion II/70
Gegenkopplung II/99, II/119
gerade Funktion I/152
Gesamtfluß II/75
geschichtetes Dielektrikum II/29
geschlossene Bahnkurve II/21
gewöhnliche Differentialgleichung I/171
Gleichgröße I/29
Gleichrichtmittelwert I/32
Gleichtaktansteuerung II/119
Gleichtaktunterdrückung II/119
Gleichtaktverstärkung II/119
Glimmer II/20
Gramm I/11
Grenzfrequenz I/121
Grenzleistungshyperbel I/146
Größe I/11
Größengleichung I/12
Grundschwingung I/151
Grundschwingungsgehalt I/155
Güte I/118

Halbleiter I/16
Halbwertszeit I/174
harmonische Analyse I/151
harmonische Größe I/31, 73
harmonische Reihe I/31
Hauptinduktivität II/75
Henry I/37
homogenes Material II/13, II/19, II/45
h-Parameter II/101
Hub II/118
Hüllfläche II/18
Hysterese-Effekt II/46
Hysteresekurve II/46

ideale Verkettung II/71
ideales Ventil I/143
Imaginärteil I/76
Induktivität I/37, II/40, II/63
Induktion (Feldgröße) II/39, II/40
Induktion (physik. Vorgang) II/39, II/63
Induktionsgesetz II/63, II/68
inhomogenes Material II/13, II/19, II/45
Innenleitwert I/58
Innenwiderstand I/57
inneres Produkt II/133
Integrierverstärker II/122
Integrator II/122
internationales Einheitensystem I/11
Inversion I/108
invertierender Eingang II/117
Ion I/15
Isolator I/15
isotopes Material II/13, II/19, II/45

Kapazität I/38, II/22
Kelvin I/11
Kennlinie I/139
Kennlinienschar I/141
Kennwiderstand I/118
Kilogramm I/11
Kirchhoffsche Sätze I/48
Kleinsignalverstärkung II/101
Klirrfaktor I/155
Knoten I/47
Knotenregel I/49
Koerzitiv-Feldstärke II/47
kohärente Einheit I/12
Kollektor II/90

Kollektorschaltung II/93
Kommutierungs-Kurve II/47
komplexe Ebene I/74
komplexer Zeiger I/74
Kondensator I/38, II/27
konjugiert komplexer Zeiger I/74
Konstantan I/25
Konstantspannungs-Generator I/34
Konstantstrom-Generator I/34
Koordinatensystem II/131
Kopplungsfaktor II/73
Kraftlinien II/14
Kraftwirkung auf Ladung II/11, II/16
Kraftwirkung im Plattenkondensator II/27
Kraftwirkung auf Strom II/38
Kreisfrequenz I/30
Kreisringspule II/43
Kupfer I/24
Kurzschlußstrom I/58

Ladungsmenge I/16
Ladungsträger I/15
Länge I/11
Leerlaufspannung I/58
Leerlaufverstärkung II/120
Leistung I/21, 35
Leistungsfaktor I/86, 154
Leistungsverstärkung II/114
Leiter I/15
Leiter-Mittelpunktspannung I/90
Leitfähigkeit I/23, II/13
Leitwert I/23
Lichtbogen I/143
linienhafter Leiter I/23
Linienintegral II/41
Luftspalt II/48

Magnetflußdichte II/40
magnetische Erregung II/41
magnetische Feldstärke II/41
magnetische Spannung II/50
magnetischer Fluß II/42
magnetischer Kreis II/48
magnetischer Widerstand II/50
magnetisches Feld I/15, II/38
Manganin I/25
Masche I/47
Maschenregel I/49
Masse I/11
Mehrphasensystem I/86
metallische Leiter I/16

Meter I/11
Mischgröße I/32
Mitkopplung II/120
Mittelpunkt I/89
Mittelpunktleiter I/90
mittlerer Spulenfluß II/75
mittlerer Windungsfluß II/74
MKSA-System I/11

Neukurve II/47
Newton I/13
Nichtleiter I/15
nicht-lineare Elemente I/139
Niederfrequenzverstärker II/97
Normalkomponente II/35, II/62
npn-Transistor II/90
norminierte Größe I/112
Nutzfluß II/73
Nutzinduktivität II/75

Oberschwingung I/151
Offset-Spannung II/119
Ohm I/22
Ohmscher Widerstand I/36
Ohmsches Gesetz I/22
Operationsverstärker II/116
Ordnungszahl I/151
Ortskurve I/106

Papierwickelkondensator II/24
Parallelresonanzkreis I/121
Parallelschaltung 51
Parameter I/106
passiver Zweipol I/33
passives Netzwerkselement I/33
Periodendauer I/30
periodische Funktion I/30
periodisches Einschwingen I/180
Permeabilitätsfaktor II/45
Permeabilitätskonstante II/45
Phasenschwenkbrücke I/127
phasensymmetrisch I/88
Phasenwinkel I/31
Phasenwinkel-Frequenzgang I/113
physikalische Größe I/11
Plattenkondensator II/23
pnp-Transistor II/90
Potentialdifferenz I/20
potentielle Energie I/19
Präzisionsschalter II/124
Proton I/15

Punktladung II/21
PVC-Mischungen II/20

quadratischer Mittelwert I/33
quasi-freie Elektronen I/15

Realteil I/76
Rechtsschraube II/133
Reihenresonanzkreis I/117
Reihenschaltung I/51
relative Dielektrizitätskonstante II/20
relativer Permeabilitätsfaktor II/45
Remanenz II/47
Resonanz I/117
Ringkern II/49, 51
Rückkopplung II/99

Sättigung II/46
Sättigungsspannung II/92
Schalter II/103
Schaltfunktion I/29
Schaltvorgang I/171
Scheinleistung I/86
Scheitelwert I/30
Schleusenspannung I/143
Schwingkreis I/117
Schwingwiderstand I/118
Sekunde I/11
Selbstinduktion II/70
Selbstinduktivität II/76
Siemens I/22
Silber I/24
Silizium-Diode I/140, 144
sinusförmiger Zeitverlauf I/31
skalare Größen II/131
skalares Produkt II/133
spannungsabhängiger Widerstand I/141
Spannungsquelle I/18, 33
Spannungsrückwirkung II/100
Spannungssprung I/174
Spannungsteilerregel I/54
Spannungsverstärkung II/94
spezifischer Widerstand I/23
Spulenachse II/49
Stabilisierungsschaltung I/159
stationärer Zustand I/171
Sternpunkt I/89
Sternpunktleiter I/90
Sternschaltung I/89
Sternspannung I/90
Stoffeigenschaften II/13, II/19, II/45
Streufluß II/75
Streuinduktivität II/75
Stromdichte II/12
Stromquelle I/33
Stromsprung I/174
Stromstärke I/16
Stromteilerregel I/54
Stromverstärkung II/93
Strömungsfeld II/11
Summierverstärker II/125
Supraleitung I/25

Tangentialkomponente II/35, II/62
Temperaturabhängigkeit des spezifischen Widerstandes I/24
Tesla II/40
Testfolie II/18
Transistor II/90
Transistor-Grundschaltungen II/93
Trennfläche II/29, II/53

Überlagerungsprinzip I/63
Überschwingen I/181
Umrechnungsfaktor I/12
ungerade Funktion I/152
Ummagnetisierungsgeschwindigkeit II/47

VDR-Widerstand I/142
Vektor I/19
vektorielle Größen II/131
vektorielles Produkt II/133
Vektortripel II/39, II/63
Ventil I/143
Verbraucher I/48
Verbraucher-Zählpfeilsystem I/47
verkettetes System I/88
Verschiebungsfluß II/18
Verschiebungsflußdichte II/19
Verstärkungsänderung II/121
Verstimmung I/118
Verzerrung I/149
Verzerrungsleistung I/155
Vierpoldarstellung (Transistoreigenschaften) II/100
vollständige Verkettung II/71
Volt I/20
Volumenelement II/26
Vorsatzzeichen I/12

Watt I/13
Weber II/44
Wechselgröße I/32

Wechselstromleitwert I/78
Wechselstromwiderstand I/78
Wegelement II/112
wellige Größe I/32
Windungszahl II/42
Wirk-Komponente I/82
Wirkleistung I/36, 85
Wirkspannung I/82
Wirkstrom I/84
Wirkungsgrad I/59
Wirkwiderstand I/82
Zählpfeil I/47
Zahlenwert I/11
Zeiger I/74
Zeigerdiagramm I/81
Zeit I/11
Zeitfunktion I/29
Zeitkonstante I/173
zeitveränderliche Größe I/29
Zeitverlauf I/30
Zenerdiode I/159
Zweig I/47

FSC
www.fsc.org
MIX
Papier | Fördert
gute Waldnutzung
FSC® C083411

Zeitfracht Medien GmbH
Ferdinand-Jühlke-Straße 7
99095 Erfurt, Deutschland
produktsicherheit@kolibri360.de